山 西 省 水 利 厅
山 西 省 财 政 厅

山西省水利工程维修养护定额标准
（试行）

中国水利水电出版社
www.waterpub.com.cn
·北京·

图书在版编目（CIP）数据

山西省水利工程维修养护定额标准 ：试行 / 山西省水利厅，山西省财政厅发布. -- 北京 ：中国水利水电出版社，2024.4
ISBN 978-7-5226-2470-9

Ⅰ. ①山… Ⅱ. ①山… ②山… Ⅲ. ①水利工程－维修－预算定额－标准－山西 Ⅳ. ①TV512-65

中国国家版本馆CIP数据核字(2024)第107615号

书　　名	山西省水利工程维修养护定额标准（试行） SHANXI SHENG SHUILI GONGCHENG WEIXIU YANGHU DING'E BIAOZHUN(SHIXING)
作　　者	山西省水利厅　山西省财政厅　发布
出版发行	中国水利水电出版社 （北京市海淀区玉渊潭南路1号D座　100038） 网址：www.waterpub.com.cn E-mail：sales@mwr.gov.cn 电话：(010) 68545888（营销中心）
经　　售	北京科水图书销售有限公司 电话：(010) 68545874、63202643 全国各地新华书店和相关出版物销售网点
排　　版	中国水利水电出版社微机排版中心
印　　刷	清淞永业（天津）印刷有限公司
规　　格	140mm×203mm　32开本　3.125印张　84千字
版　　次	2024年4月第1版　2024年4月第1次印刷
印　　数	0001—1000册
定　　价	**68.00**元

山西省水利厅
山西省财政厅

关于颁发《山西省水利工程维修养护定额标准（试行）》的通知

晋水运管〔2023〕311号

各市、县（市、区）水利（水务）局、财政局，万家寨水务控股集团有限公司：

为保障水利工程安全运行，充分发挥水利工程综合效益，加强水利工程维修养护项目管理和资金管理，科学合理编制水利工程维修养护经费预算，提高资金使用绩效，省水利厅、省财政厅根据有关法律法规、相关政策和技术标准，结合山西水利工程管理实际，制定了《山西省水利工程维修养护定额标准（试行）》，现予以颁发，请贯彻执行。

附件：山西省水利工程维修养护定额标准（试行）

山西省水利厅　　山西省财政厅

2023年12月29日

《山西省水利工程维修养护定额标准（试行）》
编辑委员会

《山西省水利工程维修养护定额标准（试行）》

组织单位：山西省水利厅　山西省财政厅

编制单位：山西水利建设开发咨询有限公司

主　　　编：银俊梅　魏　霆

副　主　编：尚海浪　范术芳　菅　晶

主要编制人员：魏　霆　张宏斌　平　云　杨秀芳

田春明　常　堃　张　震　郑晓燕

李变芳　王　鹏　张　洁　马中帅

李静平　王挺力

前　言

为保障水利工程安全运行，充分发挥水利工程综合效益，加强水利工程维修养护项目管理和资金管理，科学合理编制水利工程维修养护经费预算，提高资金使用绩效，山西省水利厅、山西省财政厅根据《关于印发〈水利工程管理单位定岗标准（试点）〉和〈水利工程维修养护定额标准（试点）〉的通知》（水办〔2004〕307 号）等有关法律法规、相关政策和技术标准，结合山西省水利工程管理实际，制定了《山西省水利工程维修养护定额标准（试行）》（以下简称《定额标准》）。

《定额标准》适用于山西省水利工程年度日常维修养护经费的编制和核定。水利工程管理单位的防汛、行政管理等日常管理工作经费，水毁工程修复和抢险费用，除险加固等其他专项经费不在定额标准范围内。

《定额标准》包括总则、维修养护等级划分、维修养护项目清单、维修养护工作（工程）量和维修养护项目定额基准标准五部分。

《定额标准》由山西省水利厅负责解释。在执行过程中如有问题请及时函告山西省水利厅。

编　者

2023 年 12 月

目　次

1 总 则

1.1 为科学合理地编制山西省水利工程维修养护经费，加强水利工程维修养护经费管理，提高资金使用效益，根据有关法律法规、相关政策和技术标准，结合山西省水利工程特点和维修养护工作实际情况，制定《山西省水利工程维修养护定额标准（试行）》（以下简称《定额标准》）。

1.2 《定额标准》适用于山西省水利工程年度日常维修养护经费的编制和核定。水利工程管理单位的防汛、行政管理等日常管理工作经费，水毁工程修复和抢险费用，除险加固等其他专项经费不在定额标准范围内。

1.3 《定额标准》所指水利工程维修养护，是对已建的水利工程进行养护和维修，维持、恢复或局部改善原有工程面貌，保持工程的设计功能，原有规模和标准不改变、不扩大。

1.4 水利工程维修是指对已建水利工程运行、检查中发现工程或设备遭受局部损坏，可以通过简单的修理、较小的工作量，无需通过大修便可恢复工程或设备功能和运行。水利工程养护是指对已建水利工程的经常性保养和防护，及时处理局部、表面、轻微的缺陷，以保持工程完好、设备完整清洁、操作灵活。

1.5 《定额标准》由维修养护等级划分、项目清单、工作（工程）量、定额基准标准等组成。定额标准已考虑了工程维修养护施工过程及工序、必要的辅助工作、作业面特点、为辅助主体工程维修施工而必须修建的临时性工程费用等。定额标准费用包括直接费、间接费、利润和税金，按照 2023 年第二季度价格水平计算；独立费用按定额标准费用的 6％计取，主要用于维修养护项目的设计、监理、招标代理和验收等工作。

1.6 工程使用年限指该工程建成投入使用后的年限，若工程已经除险加固或更新改造，则按加固或改造后的年限计算。

1.7 对通过水利部水利工程管理标准化考核验收的水利工程管理单位，其维修养护经费在原维修养护经费总额的基础上增加15％。

1.8 安全鉴定评价、设备等级评定、堤身隐患探测等项目，根据工程需要和相关规定单独编列。

1.9 水利工程专用供电线路维修养护项目按电力行业相关标准执行。

1.10 编制水利工程维修养护经费流程：工程特性参数解析⟶确定工程维修养护等级⟶制定工程维修养护项目工作（工程）量清单⟶确定维修养护项目工作（工程）量调整系数⟶根据维修养护项目定额基准标准分别计算各项经费、独立费用⟶形成水利工程管理单位维修养护经费总额。

1.11 《定额标准》是水利工程维修养护经费预算编制、申报的依据，也是规范水利工程维修养护项目管理和资金管理的依据。水利工程维修养护经费的审核应结合水利工程维修养护实际需要及轻重缓急、财政政策、价格水平等综合因素确定。

1.12 《定额标准》主要引用下列规范和文件：

SL 252 水利水电工程等级划分及洪水标准
SL 106 水库工程管理设计规范
SL 210 土石坝养护修理规程
SL 230 混凝土坝养护修理规程
GB 50286 堤防工程设计规范
SL/T 722 水工钢闸门和启闭机安全运行规程
GB/T 30948 泵站技术管理规程
SL 654 水利水电工程合理使用年限及耐久性设计规范
水利工程设计概（估）算编制规定　水总〔2014〕429号
水利工程维修养护定额标准（试点）2004年
安徽省水利工程维修养护定额标准（试行）2016年
福建省水库工程维修养护定额标准（试行）2020年

2 维修养护等级划分

2.1 水库工程维修养护等级划分

水库工程维修养护等级分为七级，具体划分标准按表 2.1 执行。

表 2.1 水库工程维修养护等级划分表

工程规模			大（2）型		中型		小（1）型		小（2）型
维修养护等级			一	二	三	四	五	六	七
水库规模	水库总库容 V/亿 m^3		$1 \leqslant V < 10$		$0.1 \leqslant V < 1$		$0.01 \leqslant V < 0.1$		$V < 0.01$
	水库坝高 H/m	混凝土坝	$H > 80$	$H \leqslant 80$	$H > 60$	$H \leqslant 60$	$H > 20$	$H \leqslant 20$	—
		土坝	$H > 30$	$H \leqslant 30$	$H > 20$	$H \leqslant 20$	$H > 10$	$H \leqslant 10$	—
		堆石坝	$H > 70$	$H \leqslant 70$	$H > 50$	$H \leqslant 50$	$H > 20$	$H \leqslant 20$	—

注：（1）水库工程维修养护项目等级以水库总库容和坝高为划分指标，坝高指最大坝高。

（2）混凝土坝指混凝土重力坝、拱坝等；土坝是指均质土坝、黏土斜墙坝、黏土心墙坝等；堆石坝指混凝土面板堆石坝和心墙堆石坝；浆砌石坝参照混凝土坝执行，混合土坝参照土坝执行。

（3）对大（2）型、中型和小（1）型水库的副坝，其维修养护项目等级分别按中型、小（1）型、小（2）型水库确定。

2.2 水闸工程维修养护等级划分

水闸工程维修养护等级分为八级，具体划分标准按表 2.2 执行。

表 2.2 水闸工程维修养护等级划分表

工程规模		大 型				中型		小型	
维修养护等级		一	二	三	四	五	六	七	八
工程规模	流量 Q /(m^3/s)	$Q \geqslant 10000$	$5000 \leqslant Q < 10000$	$3000 \leqslant Q < 5000$	$1000 \leqslant Q < 3000$	$500 \leqslant Q < 1000$	$100 \leqslant Q < 500$	$20 \leqslant Q < 100$	$Q < 20$

表 2.2（续）

<table>
<tr><td colspan="2">工程规模</td><td colspan="4">大　型</td><td colspan="2">中型</td><td colspan="2">小型</td></tr>
<tr><td colspan="2">维修养护等级</td><td>一</td><td>二</td><td>三</td><td>四</td><td>五</td><td>六</td><td>七</td><td>八</td></tr>
<tr><td>工程规模</td><td>孔口面积 A/m^2</td><td>$A\geqslant$ 2000</td><td>$1000\leqslant A$ <2000</td><td>$600\leqslant A$ <1000</td><td>$400\leqslant A$ <600</td><td>$200\leqslant A$ <400</td><td>$50\leqslant A$ <200</td><td>$20\leqslant A$ <50</td><td>$A<20$</td></tr>
</table>

注：(1) 同时满足流量及孔口面积两个条件，即为该等级水闸。如只具备其中一个条件的，其等级降低一等。

(2) 水闸流量按校核过闸流量计算，无校核过闸流量以设计过闸流量为准；孔口面积为孔口宽度与校核水位和水闸底板高程差的乘积。

(3) 由多座水闸组成的水利枢纽（不计船闸、坝、水电站、河道堤防和泵站），应按各水闸流量及孔口面积之和确定等级。

(4) 堤防工程穿堤闸（涵）工程参照水闸工程维修养护标准进行划分和执行。

2.3　河道堤防工程维修养护等级划分

河道堤防工程维修养护等级分为八级，具体划分标准按表 2.3 执行。

表 2.3　河道堤防工程维修养护等级划分表

<table>
<tr><td colspan="2">维修养护等级</td><td>一</td><td>二</td><td>三</td><td>四</td><td>五</td><td>六</td><td>七</td><td>八</td></tr>
<tr><td rowspan="2">工程规模</td><td>堤防设计标准</td><td colspan="2">1 级堤防</td><td colspan="2">2 级堤防</td><td colspan="2">3 级堤防</td><td>4 级堤防</td><td>5 级堤防</td></tr>
<tr><td>背河堤高 H/m</td><td>$H\geqslant 8$</td><td>$H<8$</td><td>$H\geqslant 6$</td><td>$H<6$</td><td>$H\geqslant 4$</td><td>$H<4$</td><td>—</td><td>—</td></tr>
</table>

注：(1) 堤防设计标准按 GB 50286《堤防工程设计规范》确定。1～3 级堤防同时满足堤防设计标准和背河堤高两个条件则确定为相应的维修养护等级。

(2) 背河堤高指一个堤防管理段 60％的长度能够达到的堤高标准。

(3) 5 级以下堤防参照 5 级堤防维修养护标准执行。

2.4　泵站工程维修养护等级划分

泵站工程维修养护等级分为八级，具体划分标准按表 2.4 执行。

表 2.4 泵站工程维修养护等级划分表

工程规模		大型站		中型站					小型站
维修养护等级		一	二	三	四	五	六	七	八
泵站规模	装机功率 P/kW	$P \geqslant 15000$	$10000 \leqslant P < 15000$	$5000 \leqslant P < 10000$	$3000 \leqslant P < 5000$	$1000 \leqslant P < 3000$	$500 \leqslant P < 1000$	$100 \leqslant P < 500$	$P < 100$
	装机流量 $Q/(m^3/s)$	$Q \geqslant 200$	$100 \leqslant Q < 200$	$50 \leqslant Q < 100$	$30 \leqslant Q < 50$	$10 \leqslant Q < 30$	$5 \leqslant Q < 10$	$2 \leqslant Q < 5$	$Q < 2$

注：（1）装机功率、装机流量指包括备用机组在内的单站指标。

（2）当泵站按分级指标分属两个不同级别时，其维修养护等级按其中高的级别确定。

（3）移动式泵站不划分等级。

2.5 灌区工程维修养护等级划分

灌区工程维修养护等级分为六级，具体划分标准按表 2.5 执行。

表 2.5 灌区工程维修养护等级划分表

维修养护等级	一	二	三	四	五	六
设计过水流量 $Q/(m^3/s)$	$100 > Q \geqslant 50$	$50 > Q \geqslant 20$	$20 > Q \geqslant 10$	$10 > Q \geqslant 5$	$5 > Q \geqslant 3$	$Q < 3$

注：（1）灌排渠沟工程设计过水流量以渠首工程设计过水流量计。

（2）灌区中引水工程、蓄水工程和提水工程分别参照水闸工程、水库工程和泵站工程相应的维修养护标准进行划分和执行。

3 维修养护项目清单

3.1 水库工程维修养护项目清单

水库工程分为混凝土坝、土坝和堆石坝，维修养护项目清单按表3.1执行。

表3.1 水库工程维修养护项目清单

序号	项目名称	维修养护标准要求	维修养护内容及方式
一	**混凝土坝维修养护**		
1	混凝土结构表面裂缝、破损、侵蚀及碳化处理	混凝土结构表面无明显缺陷、裂缝、剥蚀、侵蚀及严重碳化现象	1. 混凝土表面轻微裂缝可采取封闭处理等措施； 2. 混凝土表面剥蚀、磨损、冲刷、风化等缺陷可采用水泥砂浆、细石混凝土或环氧类材料等进行修补； 3. 混凝土碳化与侵蚀可采用涂料涂层全面封闭防护进行处理
2	防浪墙维修养护	1. 防浪墙的高程满足设计要求； 2. 无破损、残缺、断裂现象，保证墙体的完好性和连续性	1. 及时对墙体表面脱落和缺失涂层进行粉刷和修复，保持美观； 2. 根据损坏情况，采取表面处理和翻修相结合的方式，按原状修复
3	坝顶道路维修养护	1. 路面边线明显、顺直； 2. 水泥混凝土路面无裂缝、脱空、坑洞等现象，填缝料无脱落缺失现象； 3. 沥青路面无裂缝、坑槽、拥包、车辙、波浪、泛油、脱皮、啃边等现象；	1. 沥青道路根据破损形式和程度采用热材料或冷材料先修补基层，再修复面层，必要时需铺筑上封层或进行路面补强； 2. 混凝土路面采用直接灌浆或扩缝补块方法对路面裂缝和破损进行修补，路面脱空和坑洞采用灌浆法进行修复，接缝修复清理嵌入杂物，采用适宜材料灌缝填补；

表 3.1（续）

序号	项目名称	维修养护标准要求	维修养护内容及方式
3	坝顶道路维修养护	4. 人行步道地砖、砌块无破损、起伏、缺失现象； 5. 排水顺畅，雨后无积水	3. 人行步道采用统一形状和材质材料对损坏部位进行修复； 4. 及时疏通淤塞排水沟
4	伸缩缝、止水及排水设施维修养护	1. 伸缩缝无破损、填料流失现象； 2. 坝体、防浪墙、廊道等部位止水材料完好，无渗漏或渗漏量符合要求； 3. 排水设施完整、通畅	1. 及时对伸缩缝填充料老化脱落、缺失部位进行更换和充填； 2. 对止水损坏部位进行凿除重新更换止水材料； 3. 定期疏通排水设施，清除淤积物
5	廊道维修养护	1. 廊道地面平整清洁、内壁平顺光滑、集水井排水通畅； 2. 廊道电梯、照明设备、抽（排）水系统、通风、通信等设施完好	1. 定期对廊道墙壁及廊顶清洗保养，对裂缝处理及渗水引流，对廊道内排水渠清理维护； 2. 对照明设备、抽（排）水系统、通风、通信等设施进行日常维护保养； 3. 廊道电梯维护按照《特种设备安全监察条例》的规定内容和周期进行
二	**土坝维修养护**		
1	坝顶维修养护		
1.1	坝顶土方维修养护	1. 坝顶满足设计高程及宽度要求，并保持一定排水坡度； 2. 坝顶平整坚实，无明显坑洼、凹陷、起伏、裂缝、裂隙等缺陷	对受损坝顶，采用机械或人工方式进行土方开挖、清基、刨毛、补土、整平、压实，按原标准恢复

表 3.1（续）

序号	项目名称	维修养护标准要求	维修养护内容及方式
1.2	坝顶道路维修养护	1. 路面边线明显、顺直； 2. 沥青路面无裂缝、坑槽、拥包、沉陷、泛油、脱皮、啃边等现象； 3. 水泥混凝土路面无裂缝、脱空、坑洞等现象，填缝料无脱落缺失现象； 4. 砂石路面平整坚实，无波浪、坑槽、车辙等现象； 5. 排水顺畅，雨后无明显积水	1. 沥青道路根据破损形式和程度采用热材料或冷材料先修补基层，再修复面层，必要时需铺筑上封层或进行路面补强； 2. 混凝土路面采用直接灌浆或扩缝补块方法对路面裂缝和破损进行修补，路面脱空和坑洞采用灌浆法进行修复，接缝修复清理嵌入杂物，采用适宜材料灌缝填补； 3. 砂石路面对保护层进行铺砂、扫砂、匀砂养护，对磨耗层破损、坑槽、车辙、波浪等进行修复； 4. 及时疏通淤塞排水沟
1.3	防浪墙维修养护	1. 防浪墙的高程满足设计要求； 2. 无破损、残缺、断裂现象，保证墙体的完好性和连续性； 3. 伸缩缝无破损、填料流失现象	1. 及时对墙体表面脱落和缺失涂层进行粉刷和修复，保持美观； 2. 根据损坏情况，采取表面处理和翻修相结合的方式，按原状修复； 3. 及时对填充料缺失部位进行填补，对损坏部位进行局部拆除修复
2	坝坡维修养护		
2.1	坝坡土方维修养护	1. 坡面饱满、平整，满足设计坡比要求； 2. 无滑坡、雨淋沟、陡坎、洞穴、陷坑等现象	采用机械或人工对局部缺损、滑坡和雨淋沟现象进行修复，分层回填夯实并整平，所用土料宜与原筑坝土料一致，防渗性能满足要求

表 3.1（续）

序号	项目名称	维修养护标准要求	维修养护内容及方式
2.2	硬护坡维修养护	1. 表面干净整洁，无杂草、杂物； 2. 坡面平顺，砌块完好，砌缝紧密，无松动、塌陷、破损、架空现象	1. 定期对护坡表面杂草进行清除； 2. 干砌石护坡及排水棱体：及时填补、楔紧个别脱落或松动的石料，及时更换风化或损毁的块石并嵌砌紧密，块石塌陷、垫层被淘刷时应先翻出石料，恢复坝体和垫层后，再将块石嵌砌紧密； 3. 混凝土和浆砌块石或预制块护坡：及时填补伸缩缝内流失的填料，当局部发生剥落、裂缝或破碎时，应及时采用水泥砂浆表面抹补、喷浆或填塞处理；当破碎面较大，且垫层被淘刷，砌体有架空现象时，应拆除面层，修复土体和垫层并恢复坡面，定期疏通、修复淤塞和损坏排水孔
2.3	草皮护坡维修养护	1. 保持草皮整齐，平顺，美观； 2. 保持护坡完整，满足覆盖率要求	1. 及时采用人工或化学方法清除高秆、阔叶类杂草； 2. 适时进行修剪，保持美观； 3. 根据需要适时进行浇水、施肥和防虫； 4. 及时选择适宜品种对枯死、损毁或冲刷流失部位草皮进行补植
3	坝面及周边排水沟维修养护	排水体系完好并确保畅通	1. 定期清理、疏通排水设施； 2. 对破损的排水沟进行修复
三	**堆石坝维修养护**		

表 3.1（续）

序号	项目名称	维修养护标准要求	维修养护内容及方式
1	坝顶道路维修养护	1. 路面边线明显、顺直； 2. 沥青路面无裂缝、坑槽、拥包、沉陷、泛油、脱皮、啃边等现象； 3. 水泥混凝土路面无裂缝、脱空、坑洞等现象，填缝料无脱落缺失现象； 4. 砂石路面平整坚实，无波浪、坑槽、车辙等现象； 5. 排水顺畅，雨后无明显积水	1. 沥青道路根据破损形式和程度采用热材料或冷材料先修补基层，再修复面层，必要时需铺筑上封层或进行路面补强； 2. 混凝土路面采用直接灌浆或扩缝补块方法对路面裂缝和破损进行修补，路面脱空和坑洞采用灌浆法进行修复，接缝修复清理嵌入杂物，采用适宜材料灌缝填补； 3. 砂石路面对保护层进行铺砂、扫砂、匀砂养护，对磨耗层破损、坑槽、车辙、波浪等进行修复； 4. 及时疏通淤塞排水沟
2	防浪墙维修养护	1. 防浪墙的高程满足设计要求； 2. 无破损、残缺、断裂现象，保证墙体的完好性和连续性； 3. 伸缩缝无破损、填料流失现象	1. 及时对墙体表面脱落和缺失涂层进行粉刷和修复，保持美观； 2. 根据损坏情况，采取表面处理和翻修相结合的方式，按原状修复； 3. 及时对填充料缺失部位进行填补，对损坏部位进行局部拆除修复
3	混凝土面板维修养护		
3.1	面板表面维修养护	1. 混凝土面板无明显裂缝、破损、剥蚀、侵蚀及严重碳化现象；	1. 混凝土面板表面裂缝可采用化灌、涂刷、盖板等措施进行封闭处理；表面破损、剥蚀等缺陷可采用水泥砂浆、细石混凝土或环氧砂浆等材料进行修补；混凝土碳化与侵蚀可采用涂料涂层全面封闭防护；

表 3.1（续）

序号	项目名称	维修养护标准要求	维修养护内容及方式
3.1	面板表面维修养护	2. 面板混凝土无挤压破损、面板与垫层料间无脱空现象	2. 在混凝土面板挤压变形稳定后，凿除损坏的混凝土，采用与面板同等级混凝土修复，同时在面板结构缝中充填柔性材料；经分析论证后，面板脱落采用合适的材料进行回填处理
3.2	面板分缝止水维修养护	面板止水带的止水盖板（片）、嵌缝止水条、柔性填料无损坏、老化现象	及时修复或更换损坏、老化的止水盖板（片）及固定件、嵌缝止水条、柔性填料等
4	砌石护坡维修养护	1. 表面干净整洁，无杂草、杂物； 2. 坡面平顺，砌块完好，砌缝紧密，无松动、塌陷、破损、架空现象	1. 定期对护坡表面杂草进行清除； 2. 干砌石护坡：及时填补、楔紧个别脱落或松动的石料，及时更换风化或损毁的块石并嵌砌紧密。当块石塌陷、垫层被淘刷时，应先翻出石料，恢复坝体和垫层后，再将块石嵌砌紧密； 3. 混凝土和浆砌块石或预制块护坡：及时填补伸缩缝内流失的填料。当局部发生剥落、裂缝或破碎时，应及时采用水泥砂浆表面抹补、喷浆或填塞处理；当破碎面较大，且垫层被淘刷，砌体有架空现象时，应拆除面层，修复土体和垫层并恢复坡面，定期疏通、修复淤塞和损坏排水孔
5	坝面及周边排水沟维修养护	排水体系完好并确保畅通	1. 定期清理、疏通排水设施； 2. 对破损的排水沟进行修复
四	**坝下消能设施维修养护**		
1	坝下消能防冲工程	消能防冲工程满足使用功能，无严重剥蚀和损坏现象	采用填充法对侵蚀或破损消能防冲工程进行修复

表 3.1（续）

序号	项目名称	维修养护标准要求	维修养护内容及方式
2	护坎、护岸、护坡工程	护坎、护岸及护坡工程整体性完好，无损坏、破损、缺失现象	根据损坏情况，采取表面处理和翻修相结合的方式，对护坎、护岸及护坡工程按原状修复
五	**溢洪道维修养护**		
1	混凝土溢洪道维修养护		
1.1	混凝土表面维修养护	1. 钢筋混凝土保护层无严重破损，钢筋无裸露现象； 2. 混凝土表面无散落物、杂草、垃圾和杂物，过流面无可能引起冲磨损坏的石块和重物	1. 钢筋混凝土保护层破损可采用高强砂浆表面抹补处理，对露筋明显的部位可局部挖除、重新浇筑混凝土处理，钢筋锈蚀严重的应补筋； 2. 定期处理砌体表面各类异杂物、过流面存在的石块和重物
1.2	伸缩缝、止水设施维修养护	1. 伸缩缝无破损、填料流失现象； 2. 底板、边墙等部位止水材料完好，无渗漏或渗漏量符合要求	1. 及时对伸缩缝填充料老化脱落、缺失部位进行更换和充填； 2. 对止水损坏部位进行凿除重新更换止水材料
2	砌石溢洪道维修养护		
2.1	砌石表面维修养护	1. 砌体表面无明显裂缝； 2. 勾缝完整，砂浆无脱落现象； 3. 砌体表面无散落物、杂草、垃圾和杂物，过流面无可能引起冲磨损坏的石块和重物	1. 砌体表面裂缝可采用表面粘补、堵塞封闭、灌浆处理等处理措施； 2. 勾缝砂浆脱落部位，应采用不低于原标准的砂浆重新勾缝； 3. 定期处理砌体表面各类异杂物，过流面存在的石块和重物
2.2	砌筑面层维修养护	过流面砌筑面层块石无冲刷脱落	块石冲刷脱落部位进行局部拆除、并按原设计要求重新砌筑或浇筑满足规范要求的混凝土处理

表 3.1（续）

序号	项目名称	维修养护标准要求	维修养护内容及方式
2.3	伸缩缝、止水设施维修养护	1. 伸缩缝无破损、填料流失现象； 2. 底板、边墙等部位止水材料完好，无渗漏或渗漏量符合要求	1. 及时对伸缩缝填充料老化脱落、缺失部位进行更换和充填； 2. 对止水损坏部位进行凿除，重新更换止水材料
3	工作桥、交通桥维修养护	1. 桥面无破损，坑洼等现象，排水通畅； 2. 钢筋混凝土保护层完好，钢筋无裸露现象； 3. 栏杆完好、整齐、美观	1. 根据破损形式和程度按标准要求进行修复，定期疏通淤塞排水沟； 2. 混凝土保护层破损可采用高强砂浆表面抹补处理，对露筋明显的部位可局部挖除、重新浇筑混凝土处理，钢筋锈蚀严重的应补筋； 3. 及时修复损坏的栏杆
六	**输、放水建筑物维修养护**		
1	进水口混凝土维修养护	钢筋混凝土保护层无严重破损，钢筋无裸露现象	混凝土保护层破损可采用高强砂浆表面抹补处理，对露筋明显的部位可局部挖除、重新浇筑混凝土处理，钢筋锈蚀严重的应补筋
2	涵（隧）洞混凝土维修养护		
2.1	混凝土坝涵（隧）洞混凝土维修养护	1. 表面无明显破损、剥蚀、侵蚀等现象； 2. 无异常渗漏现象	1. 表面破损、剥蚀等缺陷可采用水泥砂浆、细石混凝土或环氧类材料进行修补； 2. 渗漏可采用灌浆（水泥灌浆、化学灌浆）方式进行处理
2.2	土坝涵（隧）洞混凝土维修养护	1. 表面无明显破损、剥蚀、侵蚀等现象； 2. 无异常渗漏现象	1. 表面破损、剥蚀等缺陷可采用水泥砂浆、细石混凝土或环氧类材料进行修补； 2. 渗漏可采用灌浆（水泥灌浆、化学灌浆）方式进行处理

表 3.1（续）

序号	项目名称	维修养护标准要求	维修养护内容及方式
3	工作桥、交通桥维修养护	1. 桥面无破损，坑洼等现象，排水通畅； 2. 钢筋混凝土保护层完好，钢筋无裸露现象； 3. 栏杆完好、整齐、美观	1. 根据破损形式和程度按标准要求进行修复，定期疏通淤塞排水沟； 2. 混凝土保护层破损可采用高强砂浆表面抹补处理，对露筋明显的部位可局部挖除、重新浇筑混凝土处理，钢筋锈蚀严重的应补筋； 3. 及时修复损坏的栏杆
七	**机电设备维修养护**		
1	溢洪道机电设备维修养护		
1.1	电动机维修养护	1. 电动机保持清洁干燥，无污垢和锈蚀； 2. 轴承润滑良好，无较大松动、磨损现象；润滑脂油质合格、油量符合规定； 3. 定子、转子间隙均匀，绕组绑线牢固，定子铁芯无松动，转子转动灵活；接线可靠，连接件牢固； 4. 电动机技术状况良好，绝缘及接地电阻满足要求	1. 定期检查，进行清洁保养；室外设备每 2 年除锈刷漆防腐一次。当表面涂层大面积剥落时，应及时处理； 2. 及时更换松动、磨损轴承，按要求更换合格润滑油； 3. 定期检查，调整不符合要求零部件，更换磨损老化零部件； 4. 按规定要求进行电气试验，试验结果应符合国家现行相关标准的规定，对不符合要求的部件及时修复或更换
1.2	操作设备维修养护	1. 各设备柜体保持干净整洁，防水、防潮良好； 2. 各柜箱内电气线路无破损、老化、缠绕等异常现象，绝缘电阻和接地电阻符合要求；	1. 每月对各柜体进行清扫；及时修复损坏的防水、防潮设施； 2. 及时对破损、老化线路进行更换；对绝缘电阻和接地电阻进行检测。当电阻不符合要求时，进行线路更换或增补；

表 3.1 (续)

序号	项目名称	维修养护标准要求	维修养护内容及方式
1.2	操作设备维修养护	3. 各类开关、闸门限位装置、主令控制器、继电保护装置触点接触良好，接头连接牢固可靠，工作灵敏、满足精度要求； 4. 各种指示信号完好无缺，各种仪表指针指示正确	3. 定期对各类开关、装置等进行检查、养护和校验，紧固松动的接头和连接件，及时更换不灵敏、损坏的元器件； 4. 及时更换损坏的各种指示信号；定期对各仪表进行校验，对不符合要求的仪表及时修复或更换
1.3	避雷设施维修养护	1. 避雷器、避雷针（线、带）及引下线应无断裂、锈蚀，焊接牢固； 2. 防雷设施构架上无低压线、广播线、通信线路等架设； 3. 接地电阻符合要求	1. 定期检查避雷器、避雷针（线、带）及引下线；当防腐涂层有剥落时，应及时修补；脱焊的焊接点、松动螺栓接头应予补焊或旋紧； 2. 消除防雷设施构架上的线路、杂物； 3. 每年校验避雷器、避雷针接地电阻；当接地电阻不满足规定时，应及时更换或增补接地极
2	进水口机电设备维修养护		
2.1	电动机维修养护	1. 电动机保持清洁干燥，无污垢和锈蚀； 2. 轴承润滑良好，无较大松动、磨损现象；润滑油脂合格、油量符合规定； 3. 定子、转子间隙均匀，绕组绑线牢固，定子铁芯无松动，转子转动灵活；接线可靠，连接件牢固； 4. 电动机技术状况良好，绝缘及接地电阻满足要求	1. 定期检查，进行清洁保养；室外设备每2年除锈刷漆防腐一次。当表面涂层大面积剥落时，及时处理； 2. 及时更换松动、磨损轴承，按要求更换合格润滑油； 3. 定期检查，调整不符合要求零部件，更换磨损老化零部件； 4. 按规定要求进行电气试验，试验结果应符合国家现行相关标准的规定，对不符合要求的部件及时修复或更换

表 3.1（续）

序号	项目名称	维修养护标准要求	维修养护内容及方式
2.2	操作设备维修养护	1. 各设备柜体保持干净整洁，防水、防潮良好； 2. 各柜箱内电气线路无破损、老化、缠绕等异常现象，绝缘电阻和接地电阻符合要求； 3. 各类开关、闸门限位装置、主令控制器、继电保护装置触点接触良好，接头连接牢固可靠，工作灵敏、满足精度要求； 4. 各种指示信号完好无损，各种仪表指针指示正确	1. 每月对各柜体进行清扫；及时修复损坏的防水、防潮设施； 2. 及时对破损、老化线路进行更换；对绝缘电阻和接地电阻进行检测。当电阻不符合要求时，进行线路更换或增补； 3. 定期对各类开关、装置等进行检查、养护和校验，紧固松动的接头和连接件，及时更换不灵敏、损坏的元器件； 4. 及时更换损坏的各种指示信号；定期对各仪表进行校验，对不符合要求的仪表及时修复或更换
2.3	避雷设施维修养护	1. 避雷器、避雷针（线、带）及引下线无断裂、锈蚀，焊接牢固； 2. 防雷设施构架上无低压线、广播线、通信线路等架设； 3. 接地电阻符合要求	1. 定期检查避雷器、避雷针（线、带）及引下线；当防腐涂层有剥落时，应及时修补；脱焊的焊接点、松动螺栓接头应予补焊或旋紧； 2. 清除防雷设施构架上的线路、杂物； 3. 每年校验避雷器、避雷针接地电阻；当接地电阻不满足规定时，应及时更换或增补接地极
3	变、配电设备维修养护	1. 变压器和各设备柜体保持干净清洁，防潮良好，无影响变压器安全运行的树枝和杂物； 2. 变压器油位、油质符合规定，无漏油、渗油现象，绕组绝缘电阻满足要求，变压器及线杆安装稳固、连接件无松动现象，各保护器件运行良好；	1. 每月定时对变压器及各柜体进行清扫；及时修复损坏的防潮设施，清除影响安全运行的树枝和杂物； 2. 定期检查变压器油位、油质，必要时补油或换油；紧固松动接头和连接件； 3. 定期对柜箱内电气线路进行检查，对破损、老化线路进行更换；

表 3.1（续）

序号	项目名称	维修养护标准要求	维修养护内容及方式
3	变、配电设备维修养护	3. 各柜箱内电气线路无破损、老化、缠绕等异常现象，绝缘电阻和接地电阻符合要求； 4. 各类开关、控制器、继电保护装置触点接触良好，接头连接牢固可靠，工作灵敏； 5. 变压器绕组、电气线路绝缘电阻及设备技术状态良好	4. 定期对各类开关、控制器、继电保护装置进行检查、养护和校验；及时更换不灵敏、损坏的元器件； 5. 定期对相应电阻进行校测，高压电气设备进行预防性试验；对不满足要求的部件及时进行检修或更换
4	机电设备维修养护配件更换	保证设备正常运行	及时更换损坏、磨损、不符合要求的配件、零件
八	**闸门维修养护**		
1	溢洪道闸门维修养护		
1.1	钢闸门及埋件防腐处理	1. 闸门及埋件干净整洁，表面无附着水生物、泥砂、污垢、杂物，闸门横梁无积水； 2. 闸门及埋件表面无锈斑、针状锈迹，防腐层无剥落、鼓泡、龟裂、明显粉化等老化现象； 3. 门槽和底坎无碎石、杂物	1. 定期清除闸门及埋件表面附着泥污和杂物；横梁积水处开孔排水； 2. 定期对表面涂膜进行检查，对局部锈斑、针状锈迹及时除锈补涂涂料；普遍出现剥落、鼓泡、龟裂、明显粉化等老化现象时，全部重做新的防腐涂层或封闭涂层。闸门及埋件每 3～5 年进行一次涂料封闭，锈蚀严重部位全部重做新的金属涂层并进行涂料封闭； 3. 定期清理门槽、底坎处碎石、杂物

表 3.1（续）

序号	项目名称	维修养护标准要求	维修养护内容及方式
1.2	闸门止水更换	1. 止水橡皮无严重磨损、变形、老化、失去弹性现象；止水压板无严重锈蚀、变形现象； 2. 止水封闭可靠，封闭状态无翻滚、冒流和散射现象	1. 每年汛前、汛后对止水设施进行检查，调整止水橡皮的预压量，矫正止水压板变形；当止水橡皮严重磨损、变形、老化、失去弹性，止水压板严重锈蚀、变形时，均应及时更换； 2. 止水设施一般每3～5年更换一次；对漏水量过大的止水设施应及时更换
2	进水口闸门维修养护		
2.1	钢闸门及埋件防腐处理	1. 闸门承重梁系、支臂、吊耳、吊杆、锁定装置等构件无锈蚀、变形、裂纹、焊缝开裂等现象；闸门支撑行走系统的主侧轮，滑块，铰链铰座、门槽埋件无严重锈蚀、磨损现象； 2. 各转动部位润滑良好、活动灵活，加油设施完好、畅通； 3. 各固定零部件无变形、松动、损坏现象，连接牢固	1. 对局部锈斑、针状锈迹进行除锈补涂处理，对存在明显变形、严重腐蚀、磨损、裂纹、开裂现象的部件及时进行矫形、补强或更换； 2. 定期对转动部位进行润滑和加油；加油设施堵塞的，应拆卸、清洗、安装、注油； 3. 定期对各固定零部件进行检查、紧固；变形、损坏的零部件进行更换
2.2	闸门止水更换	1. 止水橡皮无严重磨损、变形、老化、失去弹性；止水压板无严重锈蚀、变形现象； 2. 止水封闭可靠，封闭状态无翻滚、冒流和散射现象	1. 每年汛前、汛后对止水设施进行检查，调整止水橡皮预压量，矫正止水压板变形；当止水橡皮严重磨损、变形、老化失去弹性，止水压板严重锈蚀、变形时，均应及时更换； 2. 止水设施一般每3～5年更换一次；对漏水量过大的止水设施应及时更换

表 3.1（续）

序号	项目名称	维修养护标准要求	维修养护内容及方式
3	钢闸门承载及支撑行走装置维修养护	1. 闸门承重梁系、支臂、吊耳、吊杆、锁定装置等构件无锈蚀、变形、裂纹、焊缝开裂等现象；闸门支撑行走系统的主侧轮，滑块，铰链铰座、门槽埋件无严重锈蚀、磨损现象； 2. 各转动部位润滑良好、活动灵活，加油设施完好、畅通； 3. 各固定零部件无变形、松动、损坏现象，连接牢固	1. 对局部锈斑、针状锈迹进行除锈补涂处理，对存在明显变形、严重腐蚀、磨损、裂纹、开裂现象的部件及时进行矫形、补强或更换； 2. 定期对转动部位进行润滑和加油；加油设施堵塞的，应拆卸、清洗、安装、注油； 3. 定期对各固定零部件进行检查、紧固；变形、损坏的零部件进行更换
九	**启闭设备维修养护**		
1	溢洪道启闭机维修养护		
1.1	机体表面维修养护	机体表面整洁干燥，无起皮，锈蚀现象	定期对机体进行保洁。每 3～5 年进行 1 次涂漆保护；当表面涂层大面积剥落时，及时进行全面防腐处理
1.2	卷扬式启闭机维修养护	1. 确保设备正常润滑； 2. 确保电气系统正常工作，电气元器件灵敏可靠； 3. 确保制动器可靠性，防止因紧固件松动引发危险	1. 定期进行润滑保养，更换润滑油； 2. 定期检查电气接线是否紧固可靠，排除松动或腐蚀问题；定期检查开闭电气元件； 3. 定期检查制动器、紧固件
2	进水口启闭机维修养护		
2.1	机体表面维修养护	机体表面整洁干燥，无起皮，锈蚀现象	定期对机体进行保洁。每 3～5 年进行 1 次涂漆保护；当表面涂层大面积剥落时，及时进行全面防腐处理

表 3.1（续）

序号	项目名称	维修养护标准要求	维修养护内容及方式
2.2	卷扬式启闭机维修养护	1. 确保设备正常润滑； 2. 确保电气系统正常工作，电气元器件灵敏可靠； 3. 确保制动器可靠性，防止因紧固件松动引发危险	1. 定期进行润滑保养，更换润滑油； 2. 定期检查电气接线是否紧固可靠，排除松动或腐蚀问题；定期检查开闭电气元件； 3. 定期检查制动器、紧固件
2.3	螺杆式启闭机维修养护	1. 表面润滑良好，运行无卡阻现象； 2. 螺杆启闭机的螺杆、螺母等无磨损、裂纹，螺杆直线度满足规定	1. 定期进行螺杆启闭机螺杆有齿部位的清洗和涂油，每年不少于 2 次； 2. 及时更换磨损超限、有裂纹的螺杆、螺母等零部件； 3. 当螺杆直线度不满足规定时，应矫正调直并检修推力轴承
2.4	液压式启闭机维修养护	1. 液压启闭机油路通畅，油泵、油管系统无渗油；油质和油箱内油量应符合规定； 2. 双缸和活塞杆运行协调同步； 3. 液压系统零部件完好，无裂纹、划伤、变形、严重磨损等现象	1. 液压启闭机调控装置及仪表应每年检验 1 次；液压油每年化验、过滤 1 次，不符合规定时应补油或换油； 2. 当双缸和活塞杆运行不协调同步时，应及时调整； 3. 当液压系统有渗油或漏油时，应及时调整或更换密封件；应及时更换存在裂纹、划伤、变形、严重磨损等现象的液压系统零部件
十	**水库信息化维修养护**		
1	大坝安全监测设施维修养护	1. 定期对变形、渗流、环境量等观测、监测设施进行检查、校核，对损坏且具备修复条件的监测设施应及时修复，保证观测仪器完好、精度满足规范要求； 2. 检查、观测道路完好通畅； 3. 保持监测仪器保护、防护设施完好	1. 监测仪器、仪表一般每年应进行一次校准或检定；水准基点高程每 5 年校测 1 次，起测基点高程每年校测 1 次；测压管管口高程每年校测 1 次，测压管灵敏度每 5 年校核和率定一次；水尺零点每年校测 1 次； 2. 应及时修复损毁的检查、观测道路； 3. 应及时修复损毁的保护、防护设施

表 3.1（续）

序号	项目名称	维修养护标准要求	维修养护内容及方式
2	水情测报设施维修养护	水情观测仪器、通信及控制系统保持完好	定期对各监测设备检查、清洗、校核和率定，并更换不灵敏及损坏部件，及时对系统进行维护升级；对有防潮湿和防锈蚀要求的设施设备应定期采取除湿措施和防腐处理
3	视频监视系统维修养护	1. 摄像头、云台、刮雨器等转动部位保持清洁，运转良好，动作灵活，画面清晰； 2. 监视系统软件升级维护完善	1. 定期对设备进行清洁和检查，及时排除故障，修复损坏设备及线路； 2. 定期对系统进行更新和升级
十一	**管理区维修养护（不包括电站、泵站和旅游等区域）**		
1	管理房维修养护（只包括与工程运行有关的房屋）	1. 房屋干净整洁，各类工具、材料、物品摆放有序； 2. 及时维修房屋顶、墙面和门窗出现的破损现象；保持屋面、墙面无渗水，脱落现象；门窗完好、封闭可靠； 3. 室内管线及照明设施完好	1. 每周对房屋进行保洁和整理； 2. 修缮房屋损坏墙、地、门、窗； 3. 及时检修、更换无法正常使用的水电管线路和照明设施
2	管理区维护	1. 保持管理区整洁，区内无垃圾、废弃物； 2. 合理种植、补植、更新草坪、花卉和树木并及时施肥、除草、防治病虫害，定期修剪，控制高度和整齐度； 3. 管理区内交通及工作道路完好，排水沟畅通	1. 每周对坝区及管理区环境卫生进行全面整理；重点部位每天进行保洁； 2. 定期对坝区及管理区绿化工程进行养护； 3. 及时修复损坏道路，疏通修复排水沟

表 3.1（续）

序号	项目名称	维修养护标准要求	维修养护内容及方式
3	围墙、栏杆维修养护	管理区围墙、护栏、扶手完好，美观	1. 定期进行涂漆防锈美观工作； 2. 及时修复破损围、挡墙及护栏和扶手
4	防汛、上坝道路维修养护	1. 路面边线明显、顺直；排水顺畅，雨后无明显积水； 2. 沥青混凝土路面无裂缝、坑槽、拥包、沉陷、泛油、脱皮、啃边等现象； 3. 水泥混凝土路面无裂缝、脱空、坑洞等现象，填缝料无脱落缺失现象； 4. 砂石路面平整密实，无波浪、坑槽、车辙等现象	1. 定期检查、修整路面边线；及时疏通淤塞排水沟； 2. 沥青道路根据破损形式和程度采用热材料或冷材料先修补基层，再修复面层，必要时需铺筑上封层或进行路面补强； 3. 对混凝土路面裂缝和破损采用直接灌浆或扩缝补块方法修补；路面脱空和坑洞采用灌浆法进行修复；清理接缝嵌入杂物，采用适宜材料灌浆填补； 4. 对砂石路面保护层进行铺砂、扫砂、匀砂养护，对磨耗层破损、坑槽、车辙、波浪等进行修复
5	管理区排水沟维修养护	排水体系完好并确保畅通	定期清理、疏通，对破损的排水沟进行修复
6	防汛抢险应急设备维修养护	应急设备完善，保证正常工作状态，满足抢险使用功能	定期检查、清洁、保养设备
7	自备发电机组维修养护	1. 保持机组清洁，保持油、气、水、电路通畅，不漏油、不渗油，油位、油质符合规定； 2. 定期检查自备发电机组，并开机试运行；空载试机电压、周波、相序和输出功率满足要求	1. 定期对机组进行清扫及检查，当进（排）风、空气滤消器、机油滤芯等有阻塞，发电机转子、风扇与机罩有卡阻时，应及时维修；油位、油质不符合规定时，应及时补油或换油； 2. 柴（汽）油机发电机组每年全面检修 1 次，各项指标满足要求；非汛期每月开机试运行 1 次（0.5h），汛期每月开机试运行 2 次（每次 0.5h）

表 3.1（续）

序号	项目名称	维修养护标准要求	维修养护内容及方式
8	标识（示）牌、界碑（桩）维修养护	工程各类标识（示）牌、界碑（桩）完好，文字、图案等清晰、醒目、美观；满足完整性、可视性要求	定期对各类标识（示）牌、界碑（桩）进行检查，及时维护或更换存在缺失、倾斜、破损、变形、变色、字迹不清等的标识（示）牌、界碑（桩）
9	库面漂浮物清理	近坝库面无杂物、水草等堆积，坝前无影响大坝安全的漂浮设备	采取人工或机械进行清理，允许时或可通过泄洪排漂
10	管理区照明设施维修养护	坝区及管理区照明设施完好	及时维修和更换损坏的照明设施，确保照明设施正常运行
11	库区生产供电线路维修养护	1. 专用供电线、电缆敷设通过区保护完好，无障碍；支架牢固、无锈蚀，线缆标识（示）清楚； 2. 母线及瓷瓶清洁完整、无裂纹、无放电痕迹；电缆头、接地线牢固，无断股、脱落现象，引线连接处无过热、熔化现象； 3. 定期进行电缆及母线检修、试验	1. 定期对架设线路部位进行检查，设立标识（示）；清除影响线路安全的障碍和杂物，修复损坏电缆沟、电缆槽； 2. 定期对母线及瓷瓶进行清扫，检查短路、漏电现象，紧固松动接头，更换破损、老化线路； 3. 电缆及母线检修、试验按有关规定执行
12	材料及工器具消耗	对油漆涂料、管路线路、灯具玻璃、门锁扣件等零星材料进行维修养护，管理工作器材设备消耗	定期购置补充
十二	**物料动力消耗**	电力、柴油、机油、黄油等消耗	定期购置补充
十三	**安全管护**	1. 定期对工程运行及工程保护进行安全宣传； 2. 定期在管理范围内进行巡查，确保无影响工程安全运行的行为； 3. 落实反恐、防火、防盗、防爆、防暑、防冻等措施	日常巡视检查和专项治理相结合

3.2 水闸工程维修养护项目清单

水闸工程维修养护项目清单按表3.2执行。

表3.2 水闸工程维修养护项目清单

序号	项目名称	维修养护标准要求	维修养护内容及方式
一	**水工建筑物维修养护**		
1	土工建筑物维修养护	1. 翼墙后填土区无跌塘及下陷现象； 2. 分水堤（岛）及建筑物两侧堤（坝）无雨淋沟、浪窝、裂缝及滑坡现象	1. 及时对墙后沉陷区域进行补土修整并夯实； 2. 及时对雨淋沟及浪窝进行补土修复； 3. 出现明显裂缝和滑坡现象的，采取人工和机械开挖回填处理
2	石工建筑物维修养护		
2.1	砌石砌块护坡、翼墙工程维修养护	1. 表面无杂物、杂草，整洁美观； 2. 护坡勾缝无脱落，护坡无破损、松动、塌陷、隆起、底部掏空、垫层散失等现象； 3. 墙体勾缝无脱落，墙身无倾斜、滑动、渗漏现象，墙基无冒水、冒沙现象	1. 定期对护坡、翼墙上杂草进行清除； 2. 浆砌块石护坡勾缝局部脱落的，重新进行砂浆勾补；表面破损的，重新进行砂浆抹面；出现沉陷、底部掏空和垫层散失现象的，进行局部拆除翻修并按原状修复； 3. 墙体勾缝局部脱落的，重新进行砂浆勾补；局部表面破损的，重新进行砂浆抹面；墙身渗漏严重的，可采用灌浆处理；发生倾斜或滑动迹象的，可采用墙后减载或墙前加撑等方法处理；墙基出现冒水冒沙现象，可采用墙后降低地下水位和墙前增设反滤设施等方法处理
2.2	防冲设施抛石处理	防冲设施（防冲槽、海漫）无严重冲刷破坏现象	对损坏严重部位采取水上抛石或抛石笼的方式进行修复

表 3.2（续）

序号	项目名称	维修养护标准要求	维修养护内容及方式
2.3	反滤排水设施维修养护	反滤设施、减压井、导渗沟、排水设施结构完好，保持畅通，满足使用功能	1. 定期清理疏通淤堵反滤排水设施； 2. 发生损毁现象按原标准要求修复
3	混凝土建筑物维修养护		
3.1	混凝土结构表面裂缝、破损、侵蚀及碳化处理	混凝土结构表面无明显裂缝、破损、侵蚀及严重碳化现象	1. 混凝土细微表面裂缝可采用涂料封闭进行修补； 2. 混凝土结构脱壳、剥落和机械损坏时可采用表面抹补、喷浆等措施进行修补； 3. 保护层侵蚀或碳化时可采用涂料封闭、抹面或喷浆等措施进行处理
3.2	伸缩缝维修养护	伸缩缝无破损、填料流失现象	及时对填充料缺失部位进行填补，对损坏部位进行局部拆除修复
4	启闭机房维修养护	1. 启闭机房干净整洁，各类工具、材料、物品摆放有序； 2. 及时维修启闭机房屋顶、墙面和门窗出现的破损现象；保持屋面、墙面无渗水，脱落现象；门窗完好、封闭可靠； 3. 室内管线及照明设施完好	1. 每周对房屋进行保洁和整理； 2. 修缮房屋损坏墙、地、门、窗； 3. 及时检修、更换无法正常使用的水电管线路和照明设施
二	**闸门维修养护**		
1	闸门防腐处理	1. 闸门表面无附着水生物、泥砂、污垢、杂物，保持干净整洁；	1. 定期清除闸门表面附着的泥污和杂物； 2. 定期对表面涂膜进行检查，及时补涂涂料；

表 3.2（续）

序号	项目名称	维修养护标准要求	维修养护内容及方式
1	闸门防腐处理	2. 闸门表面无剥落、鼓泡、龟裂、明显粉化等老化现象，局部无锈斑、针状锈迹现象	3. 钢门体的隐蔽和易锈部位（边柱、底梁等）每5年进行一次涂料封闭，锈蚀严重部位全部重做新的金属涂层并进行涂料封闭
2	闸门止水更换	1. 每年汛前汛后对止水装置进行检查，确保封闭可靠； 2. 封闭状态无翻滚、冒流和散射现象； 3. 止水片无变形、老化、严重锈蚀、损毁现象	1. 对渗水量过大的部位进行更换； 2. 对止水片出现磨损变形、老化、失去弹性的部位进行更换
3	闸门承载及支撑行走装置维修养护	1. 闸门转动部位加油设施完好、畅通； 2. 闸门承重梁系、支臂、吊耳等构件无锈蚀、变形、焊缝开裂及损坏现象；闸门支撑行走系统主、侧轮，滑块，铰链铰座、门槽无严重锈蚀、磨损现象，活动灵活；各固定零部件无变形、松动、损坏现象，连接牢固	1. 定期对转动部位进行润滑和加油； 2. 定期对闸门门体固定、承载构件和支撑行走装置构件进行检查并及时矫形、补强或更换相应损坏部件
三	**启闭机维修养护**		
1	启闭机整体维修养护	1. 机体表面干净整洁，无起皮、锈蚀现象； 2. 传动部位润滑良好、转动灵活，制动可靠；无明显变形、严重磨损现象；各连接件、紧固件牢固，无松动现象	1. 定期对机体进行保洁，每5年进行1次涂漆保护； 2. 定期对传动装置加油设施进行清洗，并及时注油；定期进行润滑，紧固各松动零件，并更换变形、磨损零部件； 3. 螺杆启闭机的螺杆有齿部位清洗、涂油每年不少于2次； 4. 液压启闭机调控装置及仪表每年检验1次；液压油每年化验、过滤1次

表 3.2（续）

序号	项目名称	维修养护标准要求	维修养护内容及方式
2	钢丝绳维修养护	1. 钢丝绳室内部位表面润滑、光洁无泥垢； 2. 无扭结、松股、脱槽现象	1. 每月1次清洁保养，涂刷防水油脂，室外部位定期清洁保养； 2. 及时处理扭结、松股、脱槽现象
3	配件更换	保证设备正常运行	及时更换断丝超标钢丝绳及各部位损坏、变形、磨损严重的配件、零件
四	**机电设备维修养护**		
1	电动机维修养护	1. 电动机保持清洁，无污垢和锈蚀，运行中无异常噪声和振动，运行电流在额定范围内，温升符合要求； 2. 定子、转子间隙均匀，绕组绑线牢固，定子铁芯无松动，转子转动灵活；轴承润滑良好，无较大松动、磨损现象；接线可靠，连接件牢固；绝缘及接地电阻满足要求； 3. 电气试验结果符合国家现行相关标准的规定	1. 定期检查电动机技术状况，进行清洁保养； 2. 定期检查调整不符合要求部件，更换损坏老化部件； 3. 按规定要求进行电气试验
2	操作设备维修养护	1. 各设备柜体保持干净整洁，防水、防潮良好； 2. 各柜箱内电气线路无破损、老化、缠绕等异常现象，绝缘电阻和接地电阻符合要求； 3. 各类开关、闸门开度仪、主令控制器、继电保护装置触点接触良好，接头连接牢固可靠，工作灵敏，满足精度要求； 4. 各种指示信号完好无缺，各种仪表指针指示正确	1. 每月对各柜体进行清扫； 2. 定期对相应设备进行检查、养护和校验，紧固松动的接头和连接件； 3. 及时更换不灵敏、损坏的元器件

表 3.2（续）

序号	项目名称	维修养护标准要求	维修养护内容及方式
3	变、配电设备维修养护	1. 变压器和各设备柜体保持干净清洁，防潮良好； 2. 变压器油位、油质符合要求，无漏油、渗油现象，绕组绝缘电阻满足要求，连接件无松动现象，各保护器件运行良好； 3. 各柜箱内电气线路无破损、老化、缠绕等异常现象，绝缘电阻和接地电阻符合要求；各类开关、控制器、继电保护装置触点接触良好，接头连接牢固可靠，工作灵敏	1. 每月定期对变压器及各柜体进行清扫； 2. 定期对相应设备进行检查、养护和校验，紧固松动的接头和连接件； 3. 及时更换不灵敏、损坏的元器件； 4. 及时对变压器线圈绝缘电阻进行校测，对高压电气设备进行预防性试验
4	输电系统维修养护	1. 高压线路及电缆敷设通过地方标识完好，架空线路下无树障，保证线路畅通； 2. 无短路、断路、漏电、连接松动、过载和线路老化现象； 3. 电缆沟及电缆槽完好，无积水和杂物	1. 定期对架设线路部位进行检查，设立标志，清除障碍； 2. 定期检查短路、漏电现象，紧固松动的接头，更换破损、老化的线路； 3. 及时修复损坏的电缆沟、电缆槽
5	避雷设施维修养护	1. 避雷针（线、带）及引下线应无断裂、锈蚀，焊接牢固； 2. 防雷设施构架上无线路架设、接地电阻符合要求	每年对防雷与接地装置进行检测，更换失效的部件

表 3.2（续）

序号	项目名称	维修养护标准要求	维修养护内容及方式
6	自备发电机组维修养护	1. 保持机组清洁，保持油、气、水、电路通畅，不漏油、不渗油； 2. 空载试机电压、周波、相序和输出功率满足要求	1. 定期对机组进行清扫； 2. 每2个月进行1次检查、试运行，排除故障
7	配件更换	保证设备正常运行	及时更换各设备损坏、磨损严重、不符合要求的配件、零件
五	**自动控制、监测及监视系统维修养护**		
1	计算机自动控制系统维修养护	1. 加强对计算机网络安全管理，定时杀毒，及时对软件系统进行升级维护；按时对运行数据库进行备份，及时对修改或重置设置软件进行备份； 2. 计算机硬件设备完好	1. 系统维护与升级每半年进行1次； 2. 及时更换损坏硬件设备
2	视频监视系统维修养护	1. 摄像头、云台、刮雨器等转动部位保持清洁，运转良好，动作灵活，画面清晰； 2. 监视系统软件升级维护完善	1. 定期对设备进行清洁和检查，及时排除故障，修复损坏设备及线路； 2. 定期对系统进行更新和升级
3	安全监测系统维修养护	定期对工程位移、扬压力、裂缝、伸缩缝、渗流、水位、流量等观测、监测设施进行检查、校核和修复	1. 水准基点高程每5年校测1次，起测基点高程每年校测1次；测压管管口高程每年校核1次，测压管灵敏度每5年校核和率定一次；水尺零点每年校测1次； 2. 及时检查并更换不灵敏及损坏的部件；定期对水位计、水尺检查清洗

表 3.2（续）

序号	项目名称	维修养护标准要求	维修养护内容及方式
六	**附属设施及管理区维修养护**		
1	管理房维修养护（只包括与工程运行有关的房屋）	1. 房屋干净整洁，各类工具、材料、物品摆放有序； 2. 及时维修房屋顶、墙面和门窗出现的破损现象；保持屋面、墙面无渗水、脱落现象；门窗完好、封闭可靠； 3. 室内管线及照明设施完好	1. 每周对房屋进行保洁和整理； 2. 修缮房屋损坏墙、地、门、窗； 3. 及时检修、更换无法正常使用的水电管线路和照明设施
2	管理区维护	1. 定期对水闸及办公管理区进行保洁，清除管理区内垃圾、废弃物； 2. 合理种植、补植、更新草坪、花卉和树木并及时施肥、除草、防治病虫害，定期修剪，控制高度和整齐度； 3. 管理区夜间照明设施完好	1. 每周对管理区环境卫生进行全面整理；重点部位每天进行保洁； 2. 定期对管理区绿化工程进行养护； 3. 及时维修和更换损坏照明设施
3	围墙护栏维修养护	围墙护栏完好、美观	修补破损围墙及护栏，进行涂漆防锈、美化工作
4	交通桥维修养护	1. 桥两侧连接段衔接平顺，无塌陷、坑洼现象； 2. 桥面无破损，坑洼等现象，排水通畅； 3. 护栏与路缘石完好、整齐、美观	1. 对塌陷、流失部位进行机械或人工开挖清理，补土、填平、夯实并修复路面； 2. 沥青路面和混凝土路面根据破损形式和程度按标准要求采用适宜的方式进行修复，定期疏通淤塞排水沟； 3. 定期对护栏涂漆防锈，修整或更换损坏的路缘石

表 3.2（续）

序号	项目名称	维修养护标准要求	维修养护内容及方式
5	管理区道路维修养护	管理区内交通及工作道路完好，排水沟畅通	及时按标准修复损坏的道路，疏通、修复排水沟
6	闸前漂浮物清理	近闸水面无杂物、水草等堆积，闸前无影响水闸安全的漂浮设备	采取人工或机械进行清理，允许时或可通过泄洪排漂
7	标识、标牌维修养护	1. 工程设施标牌、标识完好、醒目、美观； 2. 安全警示标识和限速、限载标识完好	1. 对各类标识、标牌进行清洁和除锈处理； 2. 对丢失及缺少部位进行补充
8	材料及工器具消耗	对油漆涂料、管路线路、灯具玻璃、门锁扣件等零星材料进行维修养护，管理工作器材设备消耗	定期购置补充
七	**物料动力消耗**	管理电力、柴油、机油、黄油等消耗	定期购置补充
八	**闸室清淤**	闸室无严重淤积，不影响水闸过流和闸门正常运行	采用水力冲挖和开闸冲淤的方式进行清理
九	**安全管护**	1. 定期对工程运行及工程保护进行安全宣传； 2. 定期在管理范围内进行巡查，确保无影响工程安全运行的行为； 3. 落实反恐、防火、防盗、防爆、防暑、防冻等措施	日常巡视检查和专项治理相结合

3.3 河道堤防工程维修养护项目清单

河道堤防工程维修养护项目清单按表 3.3 执行。

表 3.3　河道堤防工程维修养护项目清单

序号	项目名称	维修养护标准要求	维修养护内容及方式
一	**堤顶及防汛道路维修养护**		
1	堤顶土方养护修整	1. 堤顶满足设计高程及宽度要求，保持一定横向坡度； 2. 堤顶平整坚实，无明显凹陷、起伏、车槽等缺陷	对缺陷、受损堤顶进行人工或机械土方开挖、清基、刨毛、洒水、补土、整平、压实，按原设计标准恢复
2	堤肩土方养护修整	1. 堤线顺直平整，植草防护满足要求； 2. 堤肩无塌肩、坑洼、车槽等缺陷	1. 定期清理、平整堤肩堆土； 2. 对有缺陷和受损的堤肩进行补土、整平、压实，按原设计标准恢复
3	堤顶防汛道路维修养护	1. 路面高程和宽度满足设计要求，边线明显、顺直； 2. 沥青路面无裂缝、坑槽、拥包、沉陷、车辙、波浪、泛油、脱皮、啃边等现象； 3. 水泥混凝土路面无裂缝、脱空、错台、沉陷、坑洞等现象，填缝料无脱落缺失现象； 4. 砂石路面平整坚实，无波浪、坑槽、车辙等现象； 5. 路缘石完好美观，路面排水顺畅，雨后无明显积水	1. 沥青道路根据破损形式和程度采用热材料或冷材料先修补基层，再修复面层，必要时需铺筑上封层或进行路面补强； 2. 混凝土路面采用直接灌浆或扩缝补块方法对路面裂缝和破损进行修补，路面脱空和坑洞采用灌浆法进行修复，接缝修复清理嵌入杂物，采用适宜材料灌缝填补； 3. 砂石路面对保护层进行铺砂、扫砂、匀砂养护，对磨耗层破损、坑槽、车辙、波浪等进行修复； 4. 更换的路缘石与原路缘石规格材质相一致，疏通淤塞排水沟
二	**堤坡维修养护**		

表 3.3（续）

序号	项目名称	维修养护标准要求	维修养护内容及方式
1	堤坡及戗台土方养护修整	1. 堤坡满足设计坡比，戗台满足设计宽度，堤脚线保持连续、清晰； 2. 坡面与台面饱满、平整，无雨淋沟、陡坎、洞穴、陷坑等缺陷	采用机械或人工方式对局部缺损、滑坡和雨淋沟现象进行修复，外运符合要求土料，分层回填夯实并整平，同时恢复坡面护坡工程
2	护坡维修养护		
2.1	硬护坡维修养护	1. 表面干净整洁，无杂草、杂物； 2. 坡面平顺，砌块完好，砌缝紧密，无松动、塌陷、破损、架空现象	1. 定期对护坡表面杂草进行清除； 2. 砌石护坡：凿除破碎或松动块石对表面重新砌筑，对脱落、风化勾缝进行砂浆填补，当垫层淘刷，砌体架空时，应处理基础，彻底翻修； 3. 现浇混凝土和预制块护坡：凿除破碎、断裂砌块，进行重新砌筑；对局部面层裂缝、破损采用抹补、喷浆处理；当沉陷、掏空时，应拆除面层，修复土体和垫层并恢复坡面；定期疏通、修复淤塞和损坏排水孔
2.2	草皮护坡养护	1. 保持草皮整齐、平顺，高度宜控制在 20cm 以下； 2. 覆盖率保持在 95% 以上	1. 及时采用人工方法或化学方法清除高秆、阔叶类杂草； 2. 适时进行修剪，保持美观； 3. 根据需要进行浇水和施肥； 4. 及时选择适宜品种进行枯死、损毁或冲刷流失草皮的补植
三	**控导工程维修养护**	维持丁坝防护完好，符合要求	在枯水季节，对损坏的丁坝进行翻修、填补、整平
四	**穿堤闸（涵）工程维修养护**	参照水闸工程维修养护定额标准执行	参照水闸工程维修养护定额标准执行

表 3.3（续）

序号	项目名称	维修养护标准要求	维修养护内容及方式
五	**河道抛石护岸维修养护**	维持抛石护岸部位防护完好，符合要求	在枯水季节，对出露的抛石护岸进行翻修、填补、整平
六	**附属设施及管理区维修养护**		
1	管理房维修养护（只包括与工程运行有关的房屋）	1. 管理用房干净整洁，各类工具、材料、物品摆放有序； 2. 及时维修管理房屋顶、墙面和门窗出现的破损现象；保持屋面、墙面无渗水、脱落现象；门窗完好、封闭可靠； 3. 房屋内水电管线路及照明设施完好	1. 每周对房屋进行保洁和整理； 2. 修缮房屋损坏墙、地、门、窗； 3. 及时检修、更换无法正常使用的水电管线路和照明设施
2	标识（示）牌、界碑（桩）、拦车墩维修养护	1. 各类标识（示）牌字迹清晰、醒目、完整； 2. 各类界碑（桩）完好，整齐一致； 3. 拦车墩满足使用功能	1. 对各类标识（示）牌、界碑（桩）、拦车墩进行清洁并涂漆出新； 2. 对丢失及缺少部位进行补充
3	材料及工器具消耗	对油漆涂料、管路线路、灯具玻璃、门锁扣件等零星材料及时进行维修养护，管理工作器材设备消耗	定期购置补充
4	监视、监控及通信系统维修养护	1. 摄像头、云台、刮雨器等转动部位保持清洁，运转良好，动作灵活，画面清晰； 2. 及时对监视系统进行升级维护； 3. 通信设备及线路完好； 4. 防雷、接地保护措施到位	1. 定期对设备进行清洁和检查，及时排除故障，修复损坏设备及线路； 2. 定期对软件系统进行维护； 3. 定期检查通信设备，更换破损、老化线路； 4. 定期对避雷设施进行检测

表 3.3（续）

序号	项目名称	维修养护标准要求	维修养护内容及方式
七	**防汛抢险物料维护**	存储料物位置适宜、存放规整、取用方便，有防护措施	1. 及时清除杂草、杂物，保持物料整洁完好； 2. 定期清点、检查，及时补充、更换相应物资物料； 3. 及时修复围砌挡墙，刷新明示标语
八	**河道堤防沿线环境维护**	堤段各部位保持干净整洁，无垃圾、弃物	定期对堤段沿线进行保洁工作，乡镇段堤防根据情况适当增加保洁次数
九	**水文及水情测报设施维修养护**	水文测站整体工作运行良好，水文仪器及记录、控制系统保持完好	1. 定期对站房进行检修，修缮损坏墙、地、门、窗，更换无法正常使用的管线路和照明设施； 2. 定期对各监测设备检查、清洗、校核和率定，更换不灵敏及损坏部件，及时对系统进行维护升级； 3. 有防潮湿和防锈蚀要求的设施设备应定期采取除湿措施和防腐处理
十	**安全管护**	1. 定期对工程运行及工程保护进行安全宣传； 2. 定期在管理范围内进行巡查，确保无影响工程安全运行的行为； 3. 落实反恐、防汛、防火、防盗、防爆、防暑、防冻等措施	日常巡查和专项治理相结合

3.4 泵站工程维修养护项目清单

泵站工程维修养护项目清单按表 3.4.1 和表 3.4.2 执行。

表 3.4.1　泵站工程维修养护项目清单

序号	项目名称	维修养护标准要求	维修养护内容及方式
一	**机电设备维修养护**		
1	主水泵维修养护	1. 在设计最高和最低扬程范围内，均能正常运行，且性能指标满足泵站设计要求；运行稳定，振动、噪声、摆度和轴承温度等符合要求； 2. 外观涂漆、标识符合要求；过流面防腐及时；过流部件无明显表面磨蚀、锈蚀情况；结合面无漏水现象； 3. 转动部件和固定部件的间隙符合要求，无卡阻现象；轴承和密封装置运行正常，无渗油现象；叶片调节装置良好，动作可靠；主要零部件完好	1. 定期检查主水泵技术状况，进行清洁保养和涂漆防腐； 2. 检修调整不符合要求零部件，更换锈蚀老化严重部件； 3. 主水泵及传动装置每1年或者运行1000h进行一次小修（大修参照GB/T 30948《泵站技术管理规程》相关规定执行）
2	主电动机维修养护	1. 在泵站设计运行范围内，均能正常运行，且性能指标满足要求；运行稳定，振动、噪声、摆度、温升等符合要求； 2. 外观涂漆、标识等符合要求； 3. 转动部位和固定部件的间隙符合要求，无卡阻现象；轴承和密封装置运行正常，无渗油现象，轴承温度符合要求；主要零部件完好，定转子铁芯、线圈紧固、绑扎等符合要求；冷却系统运行正常，冷却效果良好； 4. 电气试验结果符合国家现行相关标准的规定	1. 定期检查主电动机技术状况，进行清洁保养和涂漆防腐； 2. 检修调整不符合要求的零部件，更换磨损老化严重部件； 3. 按规定要求进行电气试验； 4. 主电动机每1～2年或者运行2000h进行一次小修（大修参照GB/T 30948《泵站技术管理规程》相关规定执行）

表 3.4.1（续）

序号	项目名称	维修养护标准要求	维修养护内容及方式
3	变电设备维修养护	1. 在设计运行范围内，均能正常运行，性能指标满足要求； 2. 外观涂漆、标识等符合要求； 3. 油质、油位符合要求，无渗油现象；保护装置可靠，运行稳定；冷却装置运行正常，噪声、温升满足要求；调压装置各分接点与线圈的连线紧固正确，接触紧密良好；主要零部件完好，绝缘件无裂纹、缺损和瓷件瓷釉损坏等缺陷； 4. 电气试验结果符合国家现行相关标准的规定	1. 每月对变电设备进行清扫； 2. 定期检查调整不符合要求的部件，更换损坏、老化的部件； 3. 按规定要求进行电气试验； 4. 变压器每年进行一次小修（大修参照 GB/T 30948《泵站技术管理规程》相关规定执行）
4	输电系统维修养护	1. 电缆敷设通过地方保护完好，无障碍；支架牢固、无锈蚀，电缆标识（示）清楚，沟道内无积水； 2. 母线及瓷瓶清洁完整、无裂纹、无放电痕迹； 3. 电缆头、接地线牢固，无断股、脱落现象，引线连接处无过热、熔化现象	1. 定期对架设线路部位进行检查，设立标识，清除障碍，清理并修复损坏的电缆沟、电缆槽； 2. 定期对母线及瓷瓶进行清扫，检查短路、漏电现象，紧固松动的接头，更换破损、老化的线路； 3. 电缆及母线检修、试验频次按有关规定执行
5	高压开关设备维修养护	1. 各项性能参数在额定允许的范围内，元器件运行温度符合规定； 2. 柜内清洁，五防功能齐全，外观涂漆、标识等符合要求； 3. 主要零部件完好，绝缘件无裂纹、缺损和瓷件瓷釉损坏等缺陷；保护装置可靠，运行稳定；操作机构灵活可靠，无卡阻现象；各部结点接触紧密，柜内	1. 每月对相关设备进行保洁清扫； 2. 定期检查调整不符合要求的部件，更换损坏、老化的部件； 3. 按规定要求进行电气试验；

表 3.4.1（续）

序号	项目名称	维修养护标准要求	维修养护内容及方式
5	高压开关设备维修养护	接线正确、规范；盘柜表计、指示灯等完好； 4. 电气试验结果符合国家现行的相关标准规定	4. 小修每年进行一次（大修参照 GB/T 30948《泵站技术管理规程》相关规定执行）
6	低压电器设备维修养护	1. 各项性能参数在额定允许的范围内，元器件运行温度符合规定； 2. 柜内清洁，五防功能齐全，外观涂漆、标识等符合要求； 3. 主要零部件完好，绝缘件无裂纹、缺损和瓷件瓷釉损坏等缺陷；保护装置可靠，运行稳定；操作机构灵活可靠，无卡阻现象；各部结点接触紧密，柜内接线正确、规范；盘柜表计、指示灯等完好； 4. 电气试验结果符合国家现行的相关标准规定	1. 每月对相关设备进行保洁清扫； 2. 定期检查调整不符合要求的部件，更换损坏、老化的部件； 3. 小修每年进行一次（大修参照 GB/T 30948《泵站技术管理规程》相关规定执行）
7	励磁和直流装置维修养护	励磁装置： 1. 各项性能参数在额定允许范围内； 2. 外观涂漆、标识等符合要求； 3. 主电路元器件完好，风机及控制回路运行正常，保护及信号装置工作可靠；励磁变压器运行正常；微机励磁装置通信正常；盘柜表计、指示灯等完好，柜内接线正确、规范，接点接触紧密； 4. 电气试验结果符合国家现行的相关标准规定； 直流装置： 1. 各项性能参数在额定允许范围内，绝缘性能符合要求； 2. 外观涂漆、标识等符合要求；	1. 每月对相关设备进行保洁清扫； 2. 定期检查调整不符合要求的部件，更换损坏、老化的部件；

表 3.4.1（续）

序号	项目名称	维修养护标准要求	维修养护内容及方式
7	励磁和直流装置维修养护	3. 蓄电池性能良好，工作正常，无胀鼓、漏液等缺陷，能按规定进行充放电且容量满足要求；控制、保护、信号等回路控制器及开关按钮动作可靠，指示灯指示正确；盘柜表计，柜内接线正确、规范，结点接触紧密； 4. 电气试验结果符合国家现行的相关标准规定	3. 励磁设备每年检修一次； 4. 直流设备每 2 年检修一次
8	保护和自动装置维修养护	1. 保护整定值满足要求，电气试验结果符合规定； 2. 外观涂漆、标识等符合要求； 3. 保护完好，动作灵敏、可靠；自动装置机械性能、电气特性满足要求；开关按钮动作可靠，指示灯指示正确；盘柜表计，柜内接线正确、规范，节点接触紧密；保护和自动装置通信正常	1. 每月对相关设备进行保洁清扫； 2. 定期检查调整不符合要求的部件，更换损坏、老化的部件； 3. 小修每年进行一次（大修参照 GB/T 30948《泵站技术管理规程》相关规定执行）
9	避雷设施维修养护	1. 避雷针（线、带）及引下线无断裂、锈蚀现象，焊接牢固； 2. 防雷设施构架上无线路架设、接地电阻符合要求	每年对防雷与接地装置进行检测，更换失效的部件
10	自备发电机组维修养护	1. 保持机组清洁，保持油、气、水、电路通畅，不漏油、不渗油； 2. 空载试机电压、周波、相序和输出功率满足要求	1. 定期对机组进行清扫； 2. 每 2 个月进行 1 次检查、试运行，排除故障
11	配件更换及工器具消耗	保证各设备系统运行正常	1. 及时更换各设备损坏、磨损严重、不符合要求的配件零件； 2. 定期对检修专用工器具进行保养和维护

表 3.4.1（续）

序号	项目名称	维修养护标准要求	维修养护内容及方式
二	**辅助设备维修养护**		
1	油、气、水系统维修养护	1. 油系统干净、无油污，油质良好、无脏污；管路无渗漏，焊接头及安装接头牢固无裂纹；闸阀操作灵活；贮油罐油位正常，仪表指示正常； 2. 气系统空压机运行正常，转动部位润滑到位；管网无漏气现象，风孔滤网完好；储气罐无泄气、漏气，压力指示正确；安全阀可靠；电气连接完好，绝缘良好，接地可靠；通风换气设备工作正常； 3. 水系统过滤器、滤网完好，无阻塞，供、排水畅通；检修阀及各闸阀工作可靠，无锈死、漏水现象；排水系统工作正常	1. 定期对油、气、水管道接头进行检查，发现漏油、漏气、漏水现象应及时处理，定期涂漆防锈； 2. 定期对油、气、水系统中的机电设备和控制装置进行清扫检查、保养，发现缺陷应及时修理或更换
2	起重设备维修养护	1. 运行时振动、噪声无异常； 2. 轨道平行，对接处无台阶，安装牢固，制动良好；钢丝绳及限位器工作正常； 3. 吊钩、滑轮、铁链、钢丝绳无裂纹损伤、开环、脱齿、咬边等现象，润滑完好	1. 定期对起重设备进行检查和润滑； 2. 定期检查调整不符合要求的部件，更换损坏、老化的部件； 3. 检修中拆换主要支承部件或提升部件后，重做静负荷和动负荷试验； 4. 起重电机按规定要求进行电气试验
3	金属结构维修养护	1. 拍门门体无裂纹、严重变形现象，止水良好；铰轴和铰座固定可靠、配合良好、转动灵活，无裂纹、严重磨损和锈蚀现象；拍门液压机构或其他控制装置工作正常； 2. 拦污栅无严重锈蚀、变形和栅条缺失现象；	1. 定期对相关设备进行清洁保养； 2. 定期对相应金属结构做防腐处理，及时更换损坏部件；

表 3.4.1（续）

序号	项目名称	维修养护标准要求	维修养护内容及方式
3	金属结构维修养护	3. 压力管道密封良好、无渗漏，无锈蚀现象，支撑装置正常； 4. 清污机及传输装置工作正常； 5. 真空破坏阀在关闭状态下密封良好；破坏真空的控制设备或辅助应急措施运行正常	3. 清污机定期启动进行保养性运转
4	配件更换及工器具消耗	保证各设备系统运行正常	1. 及时更换各设备损坏、磨损严重、不符合要求的配件零件； 2. 定期对检修专用工器具进行保养和维护
三	**泵站建筑物维修养护**		
1	泵房维修养护		
1.1	泵房混凝土结构表面处理	流道层及水泵层：进出水流道结构完好，过流面光滑，蚀坑较少，满足过流及流态要求；混凝土强度、碳化深度及钢筋保护层厚度满足要求，泵室无明显裂缝、损坏和渗漏等现象；电机层及厂房混凝土结构无侵蚀破坏、严重碳化、脱壳剥落和机械损坏现象	进出水流道采取填充法和灌浆法对侵蚀损坏部位进行修补；工作层及厂房结构可采取涂料封闭、砂浆抹补、喷浆和喷混凝土等措施对表面损伤部位进行修复；采用填充法或灌浆法处理渗水问题
1.2	泵房维护	厂房内干净整洁，各类工具、材料、物品摆放有序；屋顶、墙面和门窗无破损现象，屋面、墙面无渗水、脱落现象，门窗完好、封闭可靠；水电管线路和照明设施工作正常	1. 每周对主泵房进行保洁和整理； 2. 修缮房屋损坏墙、地、门、窗； 3. 及时检修、更换无法正常使用的水电管线路和照明设施

表 3.4.1（续）

序号	项目名称	维修养护标准要求	维修养护内容及方式
2	进、出水池（渠）维修养护	1. 结构完整，尺寸符合要求，水流流态稳定； 2. 砌石挡墙和砌块护坡工程完好，无破损、松动、塌陷现象，表面无杂草； 3. 防渗及反滤设施满足要求	1. 采取表面处理和翻修相结合的方式，对砌体工程按原状修复，定期清除表面的杂草； 2. 及时修复和疏通损坏和堵塞的防渗及反滤设施
3	进、出水闸工程维修养护	参照水闸工程维修养护定额标准执行	参照水闸工程维修养护定额标准执行
四	**自动控制、监视、监测系统维修养护**		
1	计算机自动控制系统维修养护	1. 加强对计算机网络安全管理，定时杀毒，及时对软件系统进行升级维护；按时对运行数据库进行备份，及时对修改或重置设置软件进行备份； 2. 计算机硬件设备完好	1. 系统维护与升级每半年进行 1 次； 2. 及时更换损坏的硬件设备
2	视频监视系统维修养护	1. 摄像头、云台、刮雨器等转动部位保持清洁，运转良好，动作灵活，画面清晰； 2. 监视系统软件升级维护完善	1. 定期对设备进行清洁和检查，及时排除故障，修复损坏设备及线路； 2. 定期对系统进行更新和升级
3	安全监测系统维修养护	定期对工程位移、扬压力、裂缝、伸缩缝、渗流、水位、流量等观测、监测设施进行检查、校核和修复	1. 定期对水准基点高程进行校测，对测压管进行校核和率定； 2. 定期对雨量计、水位计、水尺进行清洗，检查测量仪器并校核、率定精度，更换损坏及不灵敏部件
五	**附属设施及管理区维修养护**		

表 3.4.1（续）

序号	项目名称	维修养护标准要求	维修养护内容及方式
1	管理房维修养护（只包括与工程运行有关的房屋）	1. 管理房干净整洁，各类工具、材料、物品摆放有序； 2. 及时维修管理房屋顶、墙面和门窗出现的破损现象；保持屋面、墙面无渗水、脱落现象；门窗完好、封闭可靠； 3. 房屋内水电管线路及照明设施完好	1. 每周对房屋进行保洁和整理； 2. 修缮房屋损坏墙、地、门、窗； 3. 及时检修、更换无法正常使用的水电管线路和照明设施
2	管理区维护	1. 定期对管理区进行保洁，清除管理区内的垃圾、废弃物； 2. 合理种植、补植、更新草坪、花卉和树木并及时施肥、除草、防治病虫害，定期修剪，控制高度和整齐度； 3. 管理区夜间照明设施完好	1. 每周对管理区环境卫生进行全面整理；重点部位每天进行保洁； 2. 定期对管理区绿化工程进行养护； 3. 及时维修和更换损坏照明设施
3	围墙护栏维修养护	围墙护栏完好，美观	修补破损围墙及护栏，进行涂漆防锈美观工作
4	标识（示）、标牌维修养护	1. 工程设施标牌、标识（示）完好、醒目、美观； 2. 安全警示标识和限速、限载标识完好	1. 对各类标识（示）、标牌进行清洁并除锈出新； 2. 对丢失及缺少部位进行补充
5	材料及工器具消耗	对油漆涂料、管路线路、灯具玻璃、门锁扣件等零星材料及时进行维修养护，管理工作器材设备消耗	定期购置补充
六	**物料动力消耗**	电力、柴油、机油、黄油等消耗	定期购置补充
七	**安全管护**	1. 定期对工程运行及工程保护进行安全宣传； 2. 定期在管理范围内进行巡查，无影响工程安全运行的行为； 3. 落实反恐、防火、防盗、防爆、防暑、防冻等措施	日常巡查和专项治理相结合

3.4.2 移动式泵站定期对移动车辆、水泵、机组、开关柜、进出水管道、线路等进行除泥、清洗、检测、养护和维修，保持设备完好。

3.5 灌区工程维修养护项目清单

灌区工程维修养护项目清单按表3.5执行。

表3.5 灌区工程维修养护项目清单

序号	项目名称	维修养护标准要求	维修养护内容及方式
一	**灌排渠沟工程维修养护**		
1	渠（沟）顶维修养护		
1.1	渠（沟）顶土方维修养护	1. 渠（沟）顶满足设计高程及宽度要求，保持一定的横向坡度； 2. 渠（沟）顶平整坚实，无明显的凹陷、起伏、车槽等缺陷	对缺陷、受损渠（沟）顶，进行人工或机械土方开挖、清基、刨毛、洒水、补土、整平、压实，按原设计标准恢复
1.2	渠（沟）顶（道路）维修养护	1. 路面高程和宽度满足设计要求，边线明显、顺直； 2. 沥青路面无裂缝、坑槽、拥包、沉陷、车辙、波浪、泛油、脱皮、啃边等现象； 3. 水泥混凝土路面无裂缝、脱空、错台、沉陷、坑洞等现象，填缝料无脱落缺失现象； 4. 砂石路面平整坚实，无波浪、坑槽、车辙等现象； 5. 路缘石完好美观，路面排水顺畅，雨后无明显积水	1. 沥青道路根据破损形式和程度采用热材料或冷材料先修补基层，再修复面层，必要时需铺筑上封层或进行路面补强； 2. 混凝土路面采用直接灌浆或扩缝补块方法对路面裂缝和破损进行修补，路面脱空和坑洞采用灌浆法进行修复，接缝修复清理嵌入杂物，采用适宜材料灌缝填补； 3. 砂石路面对保护层进行铺砂、扫砂、匀砂养护，对磨耗层破损、坑槽、车辙、波浪等进行修复； 4. 更换的路缘石与原路缘石规格材质相一致，疏通淤塞排水沟

表 3.5（续）

序号	项目名称	维修养护标准要求	维修养护内容及方式
2	渠（沟）边坡维修养护		
2.1	渠（沟）边坡土方维修养护	1. 渠（沟）边坡满足设计坡比要求，坡面饱满、平整； 2. 无滑坡、雨淋沟、陡坎、洞穴、陷坑等缺陷	采用机械或人工方式对局部缺损、滑坡和雨淋沟现象进行修复，外运符合要求土料，分层回填夯实并整平，同时恢复坡面护坡工程
2.2	渠（沟）护坡或防渗工程维修养护		
2.2.1	硬护坡或防渗工程维修养护	1. 防渗工程及砌石和混凝土护坡满足设计要求； 2. 硬护坡无松动、塌陷、破损、架空现象； 3. 土料和水泥土防渗：上料颗粒人小和含水率满足要求，保证压实度； 4. 砌石防渗：砌缝密实，勾缝充分、平整； 5. 膜料防渗：保证整体完好性，无破损，连接段接合牢靠，保护层土料满足要求； 6. 沥青混凝土和混凝土防渗：骨料和掺合料配比满足要求，整体完好无断裂，表面平整	1. 定期对护坡表面杂草进行清除； 2. 硬护坡修复对损坏部位进行拆除，按原标准修复； 3. 土料和水泥土防渗对原材料运输、粉碎、筛分、配比、拌和，分层铺料夯实； 4. 砌石防渗补浆勾缝，若破损严重先对原有防渗体拆除，重新砌筑； 5. 膜料防渗根据破损范围和渠道形式采用合理方式进行修复，恢复表面保护层； 6. 对沥青混凝土和混凝土防渗的破损部位进行拆除，立膜、拌和、浇筑
2.2.2	表面杂草清理	保持草皮或植被整齐，平顺	及时采用人工或化学方法清除高秆、阔叶类杂草
3	渠沟清淤	渠沟断面满足要求，保证过水通畅，无严重堵塞现象	对淤塞严重的渠道通过机械开挖和水力冲挖的方式进行清理

表 3.5（续）

序号	项目名称	维修养护标准要求	维修养护内容及方式
二	**灌排建筑物维修养护**		
1	水闸维修养护		
1.1	结构表面裂缝、破损、侵蚀处理	混凝土结构表面无明显裂缝、破损、侵蚀及严重碳化现象	1. 对混凝土细微表面裂缝可采用涂料封闭进行修补； 2. 当混凝土结构脱壳、剥落和机械损坏时，可采用表面抹补、喷浆等措施进行修补； 3. 当保护层侵蚀或碳化时，可采用涂料封闭、抹面或喷浆等措施进行处理
1.2	闸门防腐处理	1. 闸门表面无附着水生物、泥砂、污垢、杂物，保持干净整洁； 2. 闸门表面无剥落、鼓泡、龟裂、明显粉化等老化现象，局部无锈斑、针状锈迹现象	1. 定期清除闸门表面附着的泥污和杂物； 2. 定期对表面涂膜进行检查，及时补涂涂料； 3. 钢门体的隐蔽和易锈部位（边柱、底梁等）应每 5 年进行一次涂料封闭；锈蚀严重的部位应全部重做新的金属涂层并进行涂料封闭
1.3	闸门止水更换	1. 每年汛前和汛后应对止水装置进行检查，确保封闭可靠； 2. 封闭状态无翻滚、冒流和散射现象； 3. 止水片无变形、老化、严重锈蚀、损毁现象	1. 对渗水量过大的部位进行更换； 2. 对止水片出现磨损变形、老化、失去弹性的部位进行更换
1.4	启闭机整体养护	1. 机体表面干净整洁，无起皮、锈蚀现象；	1. 定期对机体进行保洁，每 5 年应进行 1 次涂漆保护； 2. 定期对传动装置加油设施进行清洗，及时注油；定期进行润滑，紧固各松动的零件，更换变形、磨损的零部件；

表 3.5（续）

序号	项目名称	维修养护标准要求	维修养护内容及方式
1.4	启闭机整体养护	2. 传动部位润滑良好、转动灵活，制动可靠；无明显变形、严重磨损现象；各连接件、紧固件牢固，无松动现象	3. 螺杆启闭机的螺杆有齿部位的清洗、涂油每年不少于2次； 4. 液压启闭机调控装置及仪表应每年检验1次；液压油应每年化验、过滤1次
1.5	钢丝绳维修养护	1. 钢丝绳室内部位表面润滑、光洁无泥垢； 2. 无扭结、松股、脱槽现象	1. 每月1次清洁保养，涂刷防水油脂，室外部位定期清洁保养； 2. 及时处理扭结、松股、脱槽现象
2	渡槽工程维修养护		
2.1	进出口段及槽台维修养护	1. 进、出口与上、下游渠道连接平顺，无坑洼、塌陷等现象； 2. 连接段及槽台砌石工程完好	1. 对塌陷、流失部位进行机械或人工开挖清理、补土、填平并夯实； 2. 对损坏部位砌石工程进行表面补浆处理或局部拆除翻修
2.2	结构表面裂缝、破损、侵蚀及碳化处理	混凝土结构表面无明显裂缝、破损、侵蚀及严重碳化现象	1. 混凝土细微表面裂缝可采用涂料封闭进行修补； 2. 当混凝土结构脱壳、剥落和机械损坏时，可采用砂浆抹补、喷浆等措施进行修补； 3. 当保护层被侵蚀或碳化时，可采用涂料封闭、砂浆抹面或喷浆等措施进行处理
2.3	伸缩缝维修养护	伸缩缝无破损、填料流失现象	及时对填充料缺失部位进行填补，对损坏部位进行局部拆除修复
2.4	护栏维修养护	护栏固定牢靠、完好、美观	1. 定期进行涂漆防腐保护； 2. 对侵蚀严重及破损的护栏进行更换

表 3.5（续）

序号	项目名称	维修养护标准要求	维修养护内容及方式
3	倒虹吸工程维修养护		
3.1	进出口段维修养护	1. 进、出口与上、下游渠道连接平顺，无坑洼、塌陷等现象； 2. 连接段砌石工程完好	1. 对塌陷、流失部位进行机械或人工开挖清理、补土、填平并夯实； 2. 对损坏部位的砌石工程进行表面补浆处理或局部拆除翻修
3.2	结构表面裂缝、破损、侵蚀及碳化处理	混凝土结构表面无明显裂缝、破损、侵蚀及碳化现象	1. 混凝土细微表面裂缝可采用涂料封闭进行修补； 2. 当混凝土结构脱壳、剥落和机械损坏时，可采用砂浆抹补、喷浆等措施进行修补； 3. 当保护层被侵蚀或碳化时，可采用涂料封闭、砂浆抹面或喷浆等措施进行处理
3.3	伸缩缝维修养护	伸缩缝无破损、填料流失现象	及时对填充料缺失部位进行填补，对损坏部位进行局部拆除修复
3.4	拦污栅维修养护	拦污栅固定牢靠、完好、美观	1. 定期进行涂漆防腐保护； 2. 对侵蚀严重及破损的拦污栅进行更换
3.5	倒虹吸清淤	保证过水通畅，无严重淤堵现象	采用水力冲挖的方式对淤堵严重的部位进行疏通
4	地下涵工程维修养护		
4.1	进出口段维修养护	1. 进、出口与上、下游渠道连接平顺，无坑洼、塌陷等现象； 2. 连接段砌石工程完好	1. 对塌陷、流失部位进行机械或人工开挖清理、补土、填平并夯实； 2. 对损坏部位砌石工程进行表面补浆处理或局部拆除翻修

表 3.5（续）

序号	项目名称	维修养护标准要求	维修养护内容及方式
4.2	结构表面裂缝、破损、侵蚀及碳化处理	混凝土结构表面无明显裂缝、破损、侵蚀及碳化现象	1. 对混凝土细微的表面裂缝可采用涂料封闭进行修补； 2. 当混凝土结构脱壳、剥落和机械损坏时，可采用砂浆抹补、喷浆等措施进行修补； 3. 当保护层侵蚀或碳化时，可采用涂料封闭、砂浆抹面或喷浆等措施进行处理
4.3	伸缩缝维修养护	伸缩缝无破损、填料流失现象	及时对填充料缺失部位进行填补，对损坏部位进行局部拆除修复
5	滚水坝工程维修养护		
5.1	结构表面裂缝、破损、侵蚀及碳化处理	混凝土结构表面无明显裂缝、破损、侵蚀及严重碳化现象	1. 对混凝土细微的表面裂缝可采用涂料封闭进行修补； 2. 当混凝土结构脱壳、剥落和机械损坏时，可采用砂浆抹补、喷浆等措施进行修补； 3. 当保护层被侵蚀或碳化时，可采用涂料封闭、砂浆抹面或喷浆等措施进行处理
5.2	伸缩缝维修养护	伸缩缝无破损、填料流失现象	及时对填充料缺失的部位进行填补，对损坏的部位进行局部拆除修复
5.3	消能防冲设施维修养护	消能防冲工程满足使用功能，无严重剥蚀和损坏现象	采用填充法对被侵蚀或破损的消能防冲工程进行修复
6	橡胶坝工程		
6.1	橡胶袋维修养护	坝袋密封完好，无严重老化、侵蚀、磨损现象	1. 对被侵蚀和磨损的部位进行表面加固和修补； 2. 对老化严重和破损的部位进行更换

表 3.5（续）

序号	项目名称	维修养护标准要求	维修养护内容及方式
6.2	底板、护坡及岸、翼墙维修养护	底板、护坡及岸、翼墙等结构工程完好	1. 混凝土工程根据损坏程度采用表面处理法、填充法或灌浆法进行修补； 2. 砌石工程采用表面补浆处理或局部拆除翻修进行修复
6.3	金结、机电及控制设备维修养护	1. 动力设备、充排设备及压力监测设备运行良好； 2. 锚固部件、管路及零配件完好无损坏	1. 定期对设备进行保洁、保养； 2. 调试仪器仪表，更换损坏部件
7	生产、交通桥（涵）维修养护	1. 沥青路面无裂缝、坑槽、拥包、沉陷、车辙、波浪、泛油、脱皮、啃边等现象； 2. 水泥混凝土路面无裂缝、脱空、错台、沉陷、坑洞等现象，填缝料无脱落缺失现象； 3. 路缘石完好美观，路面排水顺畅，雨后无明显积水	1. 沥青道路根据破损的形式和程度采用热材料或冷材料先修补基层，再修复面层，必要时需铺筑上封层或进行路面补强； 2. 混凝土路面采用直接灌浆或扩缝补块方法对路面裂缝和破损进行修补，路面脱空和坑洞采用灌浆法进行修复，接缝修复清理嵌入杂物，采用适宜材料灌缝填补； 3. 更换的路缘石与原路缘石规格材质相一致，疏通淤塞排水沟
8	跌水、陡坡维修养护	1. 消能防冲工程满足使用功能，无严重剥蚀和损坏现象； 2. 伸缩缝无损坏、填料流失现象	1. 采用填充法对侵蚀或破损的消能防冲工程进行修复； 2. 及时对填充料缺失的部位进行填补，对损坏的部位进行局部拆除修复
9	量水设施维修养护		
9.1	量水设施标准断面维修养护	标准断面完好，满足使用功能	对标准断面进行检查，修葺损坏的部位

表 3.5（续）

序号	项目名称	维修养护标准要求	维修养护内容及方式
9.2	量水设施设备维修养护	流速仪等量水装置运行良好，仪表灵敏，显示正常	检查仪器并校核，率定精度，更换损坏的及不灵敏的部件
三	**附属工程及管理区维修养护**		
1	管理房维修养护（只包括与工程运行有关的房屋）	1. 管理用房干净整洁，各类工具、材料、物品摆放有序； 2. 及时维修管理房屋顶、墙面和门窗出现的破损现象；保持屋面、墙面无渗水，脱落现象；门窗完好、封闭可靠； 3. 室内管线及照明设施完好	1. 每周对房屋进行保洁和整理； 2. 修缮房屋损坏的墙、地、门、窗； 3. 及时检修、更换无法正常使用的水电管线路和照明设施
2	管理站（区）维护	1. 定期对管理区范围内的垃圾、废弃物进行清理； 2. 合理种植、补植、更新草坪、花卉和树木并及时施肥、除草、防治病虫害，定期修剪，控制高度和整齐度； 3. 管理区内交通及工作道路完好； 4. 围墙护栏完好，美观； 5. 管理区夜间照明设施完好	1. 每周对管理区环境卫生进行全面清理，重点部位每天进行保洁； 2. 定期对管理区绿化工程进行养护； 3. 及时按标准修复损坏的道路； 4. 修补破损的围墙及护栏，进行涂漆防锈美观工作； 5. 及时维修和更换损坏照明设施
3	标识（示）牌、界碑（桩）维修养护	1. 各类标识（示）牌字迹清晰、醒目、完整； 2. 各类界碑（桩）完好，整齐一致	1. 对各类标识（示）牌、界碑（桩）进行清洁并涂漆出新； 2. 对丢失及缺少的部位进行补充

表 3.5（续）

序号	项目名称	维修养护标准要求	维修养护内容及方式
4	材料及工器具消耗	对油漆涂料、管路线路、灯具玻璃、门锁扣件等零星材料及时进行维修养护，管理工作器材设备消耗	定期购置补充
5	监视、监控及通信系统维修养护	1. 摄像头、云台、刮雨器等转动部位保持清洁，运转良好，动作灵活，画面清晰； 2. 及时对监视系统进行升级维护； 3. 通信设备及线路完好； 4. 防雷、接地保护措施到位	1. 定期对设备进行清洁和检查，及时排除故障，修复损坏的设备及线路； 2. 定期对软件系统进行维护； 3. 定期检查通信设备，更换破损、老化线路； 4. 定期对避雷设施进行检测
四	**渠沟及建筑物观测、监测**	1. 水质安全监测； 2. 渠系建筑物位移和完整性观测； 3. 渠沟渗流、边坡稳定性及冲淤变化观测	每年在灌溉期或汛期前后进行位移、滑坡、渗漏观测，对资料进行整理分析
五	**安全管护**	1. 定期对工程运行及工程保护进行安全宣传； 2. 定期对管理范围内进行巡查，无影响工程安全运行的行为； 3. 落实反恐、防汛、防火、防盗、防爆、防暑、防冻等措施	日常巡查和专项治理相结合

4　维修养护工作（工程）量

4.1　水库工程维修养护项目基准工作（工程）量

水库工程维修养护项目基准工作（工程）量的计算以各级水库工程坝高和坝长为计算基准，计算基准按表 4.1.1 执行。

表 4.1.1　水库工程工作（工程）量计算基准表

维修养护等级		一	二	三	四	五	六	七
混凝土坝	坝高/m	90	80	70	50	30	20	10
	坝长/m	400	400	300	300	200	200	100
土坝	坝高/m	40	30	25	20	20	10	10
	坝长/m	800	800	800	800	300	300	300
堆石坝	坝高/m	95	90	45	40	30	20	10
	坝长/m	310	310	240	110	110	65	40
溢洪道	宽度/m	65	55	35	20	18	10	8
	长度/m	300	250	210	170	130	100	80
	闸门数量/扇	4	4	3	2	2	—	—
	启闭机数量/台	4	4	3	2	2	—	—

混凝土坝、土坝和堆石坝，维修养护项目基准工作（工程）量分别按表 4.1.2 执行。

表 4.1.2　水库工程维修养护项目基准工作（工程）量

序号	项目内容	单位	大（2）型		中型		小（1）型		小（2）型
			一	二	三	四	五	六	七
一	**混凝土坝维修养护**								
1	混凝土结构表面裂缝、破损、侵蚀及碳化处理	m^2	1739	1549	1253	820	368	270	73
2	防浪墙维修养护	m^2	48	48	36	36	24	24	12

表 4.1.2（续）

序号	项目内容	单位	大（2）型		中型		小（1）型		小（2）型
			一	二	三	四	五	六	七
3	坝顶道路维修养护	m^2	200	200	120	120	60	60	30
4	伸缩缝、止水及排水设施维修养护	m	138	138	104	104	69	69	35
5	廊道维修养护	m	按实有工作量计						
二	**土坝维修养护**								
1	坝顶维修养护								
1.1	坝顶土方维修养护	m^3	240	240	192	192	54	45	45
1.2	坝顶道路维修养护	m^2	560	560	480	480	150	150	150
1.3	防浪墙维修养护	m^2	96	96	96	96	36	36	36
2	坝坡维修养护								
2.1	坝坡土方维修养护	m^3	303	227	190	152	57	28	28
2.2	硬护坡维修养护	m^2	1063	797	664	266	100	49	49
2.3	草皮护坡维修养护	m^2	50597	37948	31623	25298	9487	4744	3178
3	坝面及周边排水沟维修养护	m	100	75	63	50	50	25	25
三	**堆石坝维修养护**								
1	坝顶道路维修养护	m^2	217	217	144	66	55	33	20
2	防浪墙维修养护	m^2	37	37	29	13	13	8	5
3	混凝土面板维修养护								
3.1	面板表面维修养护	m^2	438	427	197	77	70	32	11
3.2	面板分缝止水维修养护	m	108	106	52	21	20	11	4
4	砌石护坡维修养护	m^2	657	641	295	116	105	48	17
5	坝面及周边排水沟维修养护	m	90	87	52	36	29	20	10
四	**坝下消能设施维修养护**								
1	坝下消能防冲工程	m^3	100	91	63	45	20	13	7
2	护坎、护岸、护坡工程	m^3	50	50	20	20	10	10	5

表 4.1.2（续）

序号	项目内容	单位	大（2）型		中型		小（1）型		小（2）型
			一	二	三	四	五	六	七
五	**溢洪道维修养护**		根据水库实际选择混凝土溢洪道/浆砌石溢洪道						
1	混凝土溢洪道维修养护								
1.1	混凝土表面维修养护	m^2	308	216	116	71	49	21	14
1.2	伸缩缝、止水设施维修养护	m	65	49	26	14	9	5	3
2	砌石溢洪道维修养护								
2.1	砌石表面维修养护	m^2	390	275	221	136	94	50	32
2.2	砌筑面层维修养护	m^3	293	206	110	68	47	20	13
2.3	伸缩缝、止水设施维修养护	m	26	22	11	6	5	2	1
3	工作桥、交通桥维修养护	m^2	按桥梁实有面积计算						
六	**输水、放水建筑物维修养护**								
1	进水口混凝土维修养护	m^2	16	15	9	7	4	2	1
2	涵（隧）洞混凝土维修养护								
2.1	混凝土坝涵（隧）洞混凝土维修养护	m^2	30	28	16	14	6	6	3
2.2	土坝涵（隧）洞混凝土维修养护	m^2	72	65	35	34	18	17	11
3	工作桥、交通桥维修养护	m^2	按桥梁实有面积计算						
七	**机电设备维修养护**								
1	溢洪道机电设备维修养护								
1.1	电动机维修养护	工日	36	25	14	10	10	—	—
1.2	操作设备维修养护	工日	26	24	18	11	11	—	—
1.3	避雷设施维修养护	工日	20	16	12	6	6	—	—
2	进水口机电设备维修养护								
2.1	电动机维修养护	工日	9	9	9	6	6	5	5
2.2	操作设备维修养护	工日	7	6	6	6	6	5	5

表 4.1.2（续）

序号	项目内容	单位	大（2）型		中型		小（1）型		小（2）型
			一	二	三	四	五	六	七
2.3	避雷设施维修养护	工日	5	4	4	3	3	2	2
3	变配电设备维修养护	工日	9	9	7	4	4	1	1
4	机电设备维修养护配件更换	元	按固定资产的1.5%计算						
八	**闸门维修养护**								
1	溢洪道闸门维修养护								
1.1	钢闸门及埋件防腐处理	m^2	624	396	189	96	70	—	—
1.2	闸门止水更换	m	50	39	23	14	12	—	—
2	进水口闸门维修养护								
2.1	钢闸门及埋件防腐处理	m^2	12	9	6	4	2	1	1
2.2	闸门止水更换	m	5	4	3	3	2	1	1
3	钢闸门承载及支撑行走装置维修养护	元	按固定资产的0.5%计算						
九	**启闭设备维修养护**								
1	溢洪道启闭机维修养护								
1.1	机体表面维修养护	m^2	468	297	142	72	53	—	—
1.2	卷扬式启闭机维修养护	工日	61	52	31	17	13	—	—
2	进水口启闭机维修养护								
2.1	机体表面维修养护	m^2	9	7	5	3	2	0.8	0.5
2.2	卷扬式启闭机维修养护	工日	15	15	13	10	8	—	—
2.3	螺杆式启闭机维修养护	工日	—	—	17	13	9	4	3
2.4	液压式启闭机维修养护	工日	18	16	13	—	—	—	—
十	**水库信息化维修养护**								
1	大坝安全监测设施维修养护	元	按固定资产原值（不含报废设施）的10%计算						
2	水情测报设施维修养护	元	按固定资产原值（不含报废设施）的10%计算						

表 4.1.2（续）

序号	项目内容	单位	大（2）型		中型		小（1）型		小（2）型
			一	二	三	四	五	六	七
3	视频监视系统维修养护	元	按固定资产原值（不含报废设施）的10%计算						
十一	**管理区维修养护（不包括电站、泵站和旅游等区域）**								
1	管理房维修养护（按与工程运行有关核定房屋面积）	m^2	按实有面积计算						
2	管理区维护	m^2	按与工程运行有关且需要维修养护面积计算						
3	围墙、栏杆维修养护	m	按与工程运行有关且需要维修养护长度计算						
4	防汛、上坝道路维修养护	m^2	按照需要维修道路的面积计算						
5	管理区排水沟维修养护	m	按照需要维修排水沟的长度计算						
6	防汛抢险应急设备维修养护	元	按固定资产原值（不含报废设施）的10%计算						
7	自备发电机组维修养护	元/kW	按实有功率计算						
8	标识（示）牌、界碑（桩）维修养护	个	20	20	15	15	5	5	5
9	库面漂浮物清理	工日	383	383	315	315	162	162	144
10	管理区照明设施维修养护	工日	18	18	12	12	6	6	6
11	库区生产供电线路维修养护	工日	60	60	48	48	36	30	24
12	材料及工器具消耗	元	按照1～11项费用总和的5%计取						
十二	**物料动力消耗**								
1	电力	kW·h	14000	12000	11000	9000	8000	6000	4000
2	柴油	kg	404	281	224	202	112	69	44
3	机油	kg	200	175	140	90	90	20	20
4	黄油	kg	500	450	320	210	180	50	50
十三	**安全管护**	**工日**	**150**	**150**	**100**	**100**	**50**	**50**	**20**

水库工程维修养护项目基准工作（工程）量调整系数按表4.1.3执行。

表4.1.3　水库工程维修养护项目基准工作（工程）量调整系数表

编号	影响因素		基　准	调整对象	调整系数
1	混凝土坝	坝高 H /m	一～七等水库坝高计算基准 H_m 分别为 90m、80m、70m、50m、30m、20m 和 10m	项目序号一（不含防浪墙维修养护）	调整系数 $K=H/H_m$
		坝长 L /m	一～七等水库坝长计算基准 L_m 分别为 400m、400m、300m、300m、200m、200m 和 100m	项目序号一	调整系数 $K=L/L_m$
2	土石坝	坝高 H /m	一～七等水库坝高计算基准 H_m 分别为 40m、30m、25m、20m、20m、10m 和 10m	项目序号二（不含防浪墙维修养护）	调整系数 $K=H/H_m$
		坝长 L /m	一～七等水库坝长计算基准 L_m 分别为 800m、800m、800m、800m、300m、300m 和 300m	项目序号二	调整系数 $K=L/L_m$
3	堆石坝	坝高 H /m	一～七等水库坝高计算基准 H_m 分别为 95m、90m、45m、40m、30m、20m 和 10m	项目序号三（不含防浪墙维修养护）	调整系数 $K=H/H_m$
		坝长 L /m	一～七等水库坝长计算基准 L_m 分别为 310m、310m、240m、110m、110m、65m 和 40m	项目序号三	调整系数 $K=L/L_m$
4	溢洪道	长度 L /m	一～七等水库溢洪道长度计算基准 L_m 分别为 300m、250m、210m、170m、130m、100m 和 80m	项目序号五	调整系数 $K=L/L_m$

表 4.1.3（续）

编号	影响因素		基 准	调整对象	调整系数
4	溢洪道	宽度 B/m	一～七等水库溢洪道控制段宽度计算基准 B_m 分别为65m、55m、35m、20m、18m、10m和8m	项目序号五	调整系数 $K=B/B_m$
5	输、放水建筑物	洞线长 L/m	一～七等水库涵（隧）洞线长度计算基准 L_m 分别为360m、270m、180m、180m、108m、108m和72m	项目序号六-2	调整系数 $K=L/L_m$
		洞周长 S/m	一～七等水库涵（隧）洞断面周长计算基准 S_m 分别为12.8m、11.4m、9.2m、7.2m、6.2m、6.0m和5.6m	项目序号六-2	调整系数 $K=S/S_m$
6	机电设备	电动机数量 N/台套	一～五等水库溢洪道电动机计算基准数量 N_m 分别为4台套、4台套、3台套、2台套和2台套； 一～七等水库进水口电动机计算基准数量 N_m 均为1台套	项目序号七1.1、1.2、2.1、2.2	调整系数 $K=N/N_m$
7	闸门	闸门面积 A/m^2	一～五等水库溢洪道闸门计算基准面积 A_m 分别为 $624m^2$、$396m^2$、$189m^2$、$96m^2$ 和 $70m^2$ 一～七等水库进水口闸门计算基准面积 A_m 分别为 $12m^2$、$9m^2$、$6m^2$、$4m^2$、$2m^2$、$1m^2$ 和 $0.64m^2$	项目序号八-1.1、2.1	调整系数 $K=A/A_m$
		闸门类型	平板钢闸门	项目序号八	弧形钢闸门调整系数增加0.1；检修门按同级别工作闸门工作量的20%计算

表 4.1.3（续）

<table>
<tr><th>编号</th><th colspan="2">影响因素</th><th>基 准</th><th>调整对象</th><th>调整系数</th></tr>
<tr><td>8</td><td>启闭机</td><td>启闭机数量 N/台</td><td>一～五等水库溢洪道启闭机计算基准数量 N_m 分别为4台、4台、3台、2台和2台
一～七等水库进水口启闭机计算基准数量 N_m 均为1台</td><td>项目序号九</td><td>调整系数 $K=N/N_m$</td></tr>
<tr><td>9</td><td>物料动力消耗</td><td>运行时间</td><td>基准孔数闸门启闭机年运行24h</td><td>项目序号十二</td><td>启闭机运行时间每增减8h，系数相应增减0.3</td></tr>
<tr><td>10</td><td colspan="2">使用年限/年</td><td>10</td><td>项目序号一至十三</td><td>每增加1年，系数增加0.01，低于10年不调整</td></tr>
</table>

4.2 水闸工程维修养护项目基准工作（工程）量

水闸工程维修养护项目基准工作（工程）量的计算以各级水闸工程流量、孔口面积、孔口数量为计算基准，计算基准按表4.2.1执行。

表 4.2.1 水闸工程工作（工程）量计算基准表

维修养护等级	一	二	三	四	五	六	七	八
流量 Q/(m³/s)	15000	7500	4000	2000	750	300	60	20
孔口面积 A/m²	2500	1500	800	520	240	150	40	10
孔口数量/孔	50	30	20	13	8	6	2	1

水闸工程维修养护项目基准工作（工程）量按表4.2.2执行。水闸工程专用供电线路维修养护按照电力部门相关标准执行。

表 4.2.2 水闸工程维修养护项目基准工作（工程）量

序号	项目内容	单位	一	二	三	四	五	六	七	八
一	**水工建筑物维修养护**									
1	土工建筑物维修养护	m^3	300	300	250	250	150	150	100	100
2	石工建筑物维修养护									
2.1	砌石砌块护坡、翼墙工程维修养护	m^3	120	82	66	47	33	19	13	7
2.2	防冲设施抛石处理	m^3	25	15	10	5	3	2	2	1
2.3	反滤、排水设施维修养护	m	150	90	60	31	16	12	8	5
3	混凝土建筑物维修养护									
3.1	混凝土结构表面裂缝、破损、侵蚀及碳化处理	m^2	562	336	180	117	54	34	8	3
3.2	伸缩缝维修养护	m	15	12	11	10	9	8	4	2
4	启闭机房维修养护	工日	30	30	25	25	20	20	10	10
二	**闸门维修养护**									
1	闸门防腐处理	m^2	2500	1500	800	520	240	150	40	10
2	闸门止水更换	m	200	120	72	47	21	16	4	2
3	闸门承载及支撑行走装置维修养护	元	按闸门固定资产的0.5%计算							
三	**启闭机维修养护**									
1	启闭机整体养护	套次	100	60	40	26	16	12	4	2
2	钢丝绳维修养护	工日	300	180	120	78	48	36	12	6
3	配件更换	元	按启闭机固定资产的1.5%计算							
四	**机电设备维修养护**									
1	电动机维修养护	工日	450	270	180	117	72	54	18	9
2	操作设备维修养护	工日	300	180	120	78	48	36	12	6
3	变、配电设备维修养护	工日	150	90	60	39	24	18	6	3
4	输电系统维修养护	工日	96	96	72	72	60	60	24	12
5	避雷设施维修养护	工日	24	23	15	14	6	6	3	3

表 4.2.2（续）

序号	项目内容	单位	一	二	三	四	五	六	七	八
6	自备发电机组维修养护	元/kW	按实有功率计算							
7	配件更换	元	机电设备资产的1.5%计算							
五	**自动控制、监测及监视系统维修养护**									
1	计算机自动控制系统维修养护	元	按自动控制设施资产（不含报废设施）的10%计算							
2	视频监视系统维修养护	元	按视频监视设施资产（不含报废设施）的10%计算							
3	安全监测系统维修养护	元	按安全监测设施资产（不含报废设施）的10%计算							
六	**附属设施及管理区维修养护**									
1	管理房维修养护（按与工程运行有关核定房屋面积）	m^2	按实有面积计算							
2	管理区维护	m^2	按与工程运行有关且需要维修养护面积计算							
3	围墙护栏维修养护	m	按与工程运行有关且需要维修养护长度计算							
4	交通桥维修养护	m^2	按桥梁实有面积计算							
5	管理区道路维修养护	m^2	按照需要维修道路的面积计算							
6	闸前漂浮物清理	工日	380	266	213	149	119	83	50	30
7	标识、标牌维修养护	个	10	10	10	8	8	5	5	3
8	材料及工器具消耗	元	按1～6项费用总和的5%计取							
七	**物料动力消耗**									
1	电力	kW·h	38052	26621	22830	22015	19179	18445	2343	483
2	柴油	kg	6000	3605	2585	1248	800	528	50	25
3	机油	kg	900	541	388	187	120	79	27	9
4	黄油	kg	833	538	533	520	250	240	100	50
八	**闸室清淤**	m^3	按实有工程量计算							
九	**安全管护**	**工日**	**100**	**100**	**60**	**60**	**40**	**40**	**20**	**20**

水闸工程维修养护项目基准工作（工程）量调整系数按表4.2.3执行。

表4.2.3 水闸工程维修养护项目基准工作（工程）量调整系数表

编号	影响因素	基准	调整对象	调整系数
1	流量 Q /(m^3/s)	一～八等水闸计算基准流量 Q_m 分别为 15000m^3/s、7500m^3/s、4000m^3/s、2000m^3/s、750m^3/s、300m^3/s、60m^3/s 和 20m^3/s	项目序号一	按直线内插法计算，超过范围按上（下）限控制
2	孔口面积 S/m^2	一～八等水闸计算基准孔口面积 S_m 分别为 2500m^2、1500m^2、800m^2、520m^2、240m^2、150m^2、40m^2 和 10m^2	项目序号二	按直线内插法计算，超过范围按上（下）限控制
3	孔口数量 N/孔	一～八等水闸计算基准孔口数量基准 N_m 分别为 50孔、30孔、20孔、13孔、8孔、6孔、2孔和1孔	项目序号三	调整系数 $K=N/N_m$
4	启闭机类型	卷扬式启闭机	项目序号三	螺杆式启闭机系数为0.7； 液压式启闭机系数为0.9
5	闸门类型	平板钢闸门	项目序号二	弧形钢闸门系数为1.1； 混凝土闸门系数为0.5； 铸铁闸门系数为0.7
6	运用时间	基准孔数闸门年启闭12次	项目序号七	一～八等水闸单孔闸门启闭次数每增加一次，系数分别增加1/600、1/360、1/240、1/156、1/96、1/72、1/24、1/12
7	闸上交通	有交通桥且为开放交通	项目序号六-4	1. 无交通桥删除调整对象项目内容； 2. 不开放交通系数为0.2
8	使用年限/年	10	项目序号一至九	每增加1年，系数增加0.01，低于10年不调整

注：(1) 检修门按同级别工作闸门费用的20%计列，多扇工作闸门共用一扇检修闸门时，检修闸门按一扇计算，不同类型的检修闸门数量累计计算；

(2) 泄洪洞检修事故门按同级别工作闸门费用的40%计列。

4.3 河道堤防工程维修养护项目基准工作（工程）量

河道堤防工程维修养护项目基准工作（工程）量的计算，以1000m长度和各级堤防背河堤高为计算基准，计算基准按表4.3.1执行。

表4.3.1 河道堤防工程工作（工程）量计算基准表

维修养护等级	一	二	三	四	五	六	七	八
背河堤高 H/m	8	7	6	5	4	3	3	2

河道堤防工程维修养护项目基准工作（工程）量按表4.3.2执行。

表4.3.2 河道堤防工程维修养护项目基准工作（工程）量

序号	项目内容	单位	一	二	三	四	五	六	七	八
一	**堤顶及防汛道路维修养护**									
1	堤顶土方养护修整	m^3	—	—	210	195	90	72	58	46
2	堤肩土方养护修整	m^3	60	60	60	60	40	40	30	30
3	堤顶防汛道路维修养护	m^2	400	400	320	320	240	240	160	160
二	**堤坡维修养护**									
1	堤坡及戗台土方养护修整	m^3	107	93	78	55	45	35	29	20
2	护坡维修养护									
2.1	硬护坡维修养护	m^2	89	76	66	53	42	29	26	16
2.2	草皮护坡养护	m^2	11899	10363	8615	6114	4954	3900	3231	2244
三	**控导工程维修养护**	m^3	按需要维修丁坝的实际工程量计取							
四	**穿堤闸（涵）工程维修养护**	**元**	参照水闸工程维修养护定额标准执行，按实有数量计取							
五	**河道抛石护岸维修养护**	m^3	按抛石护岸整修实有工程量计取							
六	**附属设施及管理区维修养护**									

表 4.3.2（续）

序号	项目内容	单位	一	二	三	四	五	六	七	八
1	管理房维修养护（按与工程运行有关核定房屋面积）	m^2	按实有面积计算							
2	标识（示）牌、界碑（桩）、拦车墩维修养护	个	13	13	13	13	13	13	9	9
3	材料及工器具消耗	元	按1～2项费用的5%计取							
4	监视、监控及通信系统维修养护	元	按监视、监控及通信系统设施（不含报废设施）资产的10%计算							
七	**防汛抢险物料维护**	**工日**	**2**	**2**	**2**	**2**	**2**	**2**	**1**	**1**
八	**河道堤防沿线环境维护**	**工日**	**24**	**24**	**24**	**24**	**12**	**12**	**6**	**6**
九	**水文及水情测报设施维修养护**	**元**	**按水文及水情测报设施（不含报废设施）固定资产的10%计算**							
十	**安全管护**	**工日**	**8**	**8**	**8**	**8**	**8**	**8**	**8**	**8**

河道堤防工程维修养护项目基准工作（工程）量调整系数按表 4.3.3 执行。

表 4.3.3　河道堤防工程维修养护项目基准工作（工程）量调整系数表

编号	影响因素	基　准	调整对象	调整系数
1	堤防断面	各级堤防维修养护计算基准分别为背河堤高8m、7m、6m、5m、4m、3m、3m、2m	项目序号一、二	按直线内插法计算，超过范围按上（下）限控制；调整系数＝直线内插计算结果/对应等级的基准背河堤高
2	护坡方式	硬护坡形式（L1）	项目序号二-2.1	无硬护坡形式删除调整对象项目内容
		干砌石护坡	项目序号二-2.1	浆砌石砌块护坡系数为1.5；混凝土护坡系数为0.5
3	路面结构形式	沥青（混凝土）路面	项目序号一-3	泥结石路面系数为0.3；砂砾石路面系数为0.4

注：无堤防段按同等级河道堤防工程维修养护定额基准标准的50%计列。

4.4 泵站工程维修养护项目基准工作（工程）量

泵站工程维修养护项目基准工作（工程）量的计算，以各级泵站工程装机容量为计算基准，计算基准按表 4.4.1 执行。

表 4.4.1 泵站工程计算基准表

维修养护等级	一	二	三	四	五	六	七	八
装机功率 P/kW	15000	10000	7500	4000	2000	750	300	50

泵站工程维修养护项目基准工作（工程）量按表 4.4.2 执行。移动式泵站按实有功率累计计算。泵站工程专用供电线路维修养护按电力部门相关标准执行。

表 4.4.2 泵站工程维修养护项目基准工作（工程）量

序号	项目内容	单位	一	二	三	四	五	六	七	八
一	**机电设备维修养护**									
1	主水泵维修养护	工日	1854	1236	927	494	247	122	49	12
2	主电动机维修养护	工日	927	618	463	247	124	61	24	6
3	变电设备维修养护	工日	197	131	115	96	48	37	19	8
4	输电系统维修养护	工日	99	66	57	48	34	24	9	4
5	高压开关设备维修养护	工日	120	120	120	96	44	38	15	9
6	低压电器设备维修养护	工日	120	120	120	96	82	40	16	4
7	励磁和直流装置维修养护	工日	96	96	96	35	18	15	6	3
8	保护和自动装置维修养护	工日	96	96	96	52	26	23	9	5
9	避雷设施维修养护	工日	24	24	18	15	9	7	4	2
10	自备发电机组维修养护	元/kW	按实有功率计算							
11	配件更换及工器具消耗	元	高压开关及低压电器设备按相应固定资产的 2%计算，其他机电设备按其固定资产的 1.5%计算							
二	**辅助设备维修养护**									

表 4.4.2（续）

序号	项目内容	单位	一	二	三	四	五	六	七	八
1	油、气、水系统维修养护	工日	1197	798	581	320	160	136	55	29
2	起重设备维修养护	工日	48	48	36	28	20	18	7	4
3	金属结构维修养护	工日	60	60	60	42	21	18	12	8
4	配件更换及工器具消耗	元	按辅助设备资产的1%计算							
三	**泵站建筑物维修养护**									
1	泵房维修养护									
1.1	泵房混凝土结构表面处理	m^2	810	540	405	216	108	41	16	3
1.2	泵房维护	工日	242	161	130	99	66	32	13	4
2	进、出水池（渠）维修养护	m^3	77	69	58	39	30	20	16	12
3	进、出水闸工程维修养护	元	参照水闸工程维修养护定额标准执行							
四	**自动控制、监视、监测系统维修养护**									
1	计算机自动控制系统维修养护	元	按自动控制设施（不含报废设施）资产的10%计算							
2	视频监视系统维修养护	元	按视频监视设施（不含报废设施）资产的10%计算							
3	安全监测系统维修养护	元	按安全监测设施（不含报废设施）资产的10%计算							
五	**附属设施及管理区维修养护**									
1	管理房维修养护（按与工程运行有关核定房屋面积）	m^2	按实有面积计算							
2	管理区维护	元	按与工程运行有关且需要维修养护面积计算							
3	管理站围墙护栏维修养护	元	按需要维修养护长度计算							

表 4.4.2（续）

序号	项目内容	单位	一	二	三	四	五	六	七	八
4	标识、标牌维修养护	个	10	10	10	8	8	5	5	3
5	材料及工器具消耗	元	按1～3项费用总和的10%计取							
六	**物料动力消耗**									
1	电力消耗	kW·h	17205	11470	9356	6439	4829	3018	1646	755
2	柴油消耗	kg	405	270	195	144	72	29	11	3
3	机油消耗	kg	270	180	120	96	48	29	11	3
4	黄油消耗	kg	324	216	150	128	64	33	13	4
七	**安全管护**	**工日**	**156**	**156**	**156**	**104**	**104**	**104**	**52**	**52**

泵站工程维修养护项目基准工作（工程）量调整系数按表4.4.3执行。

表 4.4.3 泵站工程维修养护项目基准工作（工程）量调整系数表

编号	影响因素	基 准	调整对象	调整系数
1	装机功率 P/kW	一～八等泵站计算基准装机功率分别为15000kW、10000kW、7500kW、4000kW、2000kW、750kW、300kW和50kW	项目序号一、二、六	按直线内插法计算，超过范围按上（下）限控制
2	接触水体	四类水体或含沙量小于5kg/m^3	项目序号一-1	四类水体以下或含沙量大于5kg/m^3，系数为1.05
3	使用年限/年	10	项目序号三、五	每增加1年，系数增加0.01，低于10年不调整

4.5 灌区工程维修养护项目基准工作（工程）量

灌区工程维修养护项目基准工作（工程）量的计算，灌排渠沟工程和灌排建筑物以流量、长度和数量为计算基准，附属工程以面积为计算基准，具体计算基准如下。

（1）灌排渠沟工程和灌排建筑物设计过水流量计算基准按表

4.5.1 执行。

表 4.5.1　设计过水流量计算基准表

维修养护等级	一	二	三	四	五	六
设计过水流量 Q/(m^3/s)	75	35	15	8	4	1

（2）灌排渠沟工程以 1000m 长度为计算基准。

（3）渡槽工程、倒虹吸工程、地下涵工程、滚水坝工程、橡胶坝工程以 100m 长度为计算基准。

（4）生产、交通桥，跌水、陡坡、水闸以单座为计算基准。

灌区工程维修养护项目基准工作（工程）量按表 4.5.2 执行。

表 4.5.2　灌区工程维修养护项目基准工作（工程）量

序号	项目内容	单位	一	二	三	四	五	六
一	**灌排渠沟工程维修养护**							
1	渠（沟）顶维修养护							
1.1	渠（沟）顶土方维修养护	m^3	90	90	60	60	60	60
1.2	渠（沟）顶道路维修养护	m^2	140	140	120	120	80	80
2	渠（沟）边坡维修养护							
2.1	渠（沟）边坡土方维修养护	m^3	20	20	16	16	12	12
2.2	渠（沟）护坡或防渗工程维修养护							
2.2.1	硬护坡或防渗工程维修养护	m^2	80	80	67	67	55	55
2.2.2	表面杂草清理	工日	4	4	2	2	2	2
3	渠沟清淤	m^3	8500	6800	5440	4352	3482	2437
二	**灌排建筑物维修养护**							
1	水闸维修养护							
1.1	结构表面裂缝、破损、侵蚀处理	m^2	80	58	46	35	28	18
1.2	闸门防腐处理	m^2	100	60	45	30	15	10
1.3	闸门止水更换	m	8	5	4	3	1	1
1.4	启闭机整体养护	套次	10	8	6	4	2	1

表 4.5.2（续）

序号	项目内容	单位	一	二	三	四	五	六
1.5	钢丝绳维修养护	工日	30	24	18	12	6	3
2	渡槽工程维修养护							
2.1	进出口段及槽台维修养护	m^3	120	60	30	25	20	15
2.2	结构表面裂缝、破损、侵蚀及碳化处理	m^2	180	150	130	95	60	35
2.3	伸缩缝维修养护	m	30	20	15	8	6	5
2.4	护栏维修养护	m	200	200	200	200	200	200
3	倒虹吸工程维修养护							
3.1	进出口段维修养护	m^3	100	50	35	27	25	20
3.2	结构表面裂缝、破损、侵蚀及碳化处理	m^2	5	3	2.5	2	1.5	1.5
3.3	伸缩缝维修养护	m	30	20	10	5	3	2
3.4	拦污栅维修养护	m^2	43	5	4	3	2	1
3.5	倒虹吸清淤	m^3	按实有工程量计算					
4	地下涵工程维修养护							
4.1	进出口段维修养护	m^3	100	50	40	30	26	23
4.2	结构表面裂缝、破损、侵蚀及碳化处理	m^2	4	3	2	1.5	1	1
4.3	伸缩缝维修养护	m	20	10	5	3	2	1.5
5	滚水坝工程维修养护							
5.1	结构表面裂缝、破损、侵蚀及碳化处理	m^2	60	40	17	10	8	8
5.2	伸缩缝维修养护	m	12	8	3.4	2	1.6	1.6
5.3	消能防冲设施维修养护	m^3	4	3.5	2.5	1.5	1	1
6	橡胶坝工程							
6.1	橡胶袋维修养护	元	按固定资产原值的5%计算					
6.2	底板、护坡及岸、翼墙维修养护	m^3	25	20	16	12	10	8
6.3	金结、机电及控制设备维修养护	元	按固定资产原值的5%计算					

表 4.5.2（续）

序号	项目内容	单位	一	二	三	四	五	六
7	生产、交通桥（涵）维修养护	m^2/座	10	10	9	6	3	2
8	跌水、陡坡维修养护	m^3	30	25	20	15	8	6
9	量水设施维修养护							
9.1	量水设施标准断面维修养护	工日	10	8	6	6	4	4
9.2	量水设施设备维修养护	元	按固定资产原值的5%计算					
三	**附属工程及管理区维修养护**							
1	管理房维修养护（按与工程运行有关核定房屋面积）	m^2	按实有面积计算					
2	管理站（区）维护	m^2	按与工程运行有关且需要维修养护面积计算					
3	标识（示）牌、界碑（桩）维修养护	个	9	8	7	6	5	5
4	材料及工器具消耗	元	按1～3项费用总和的5%计算					
5	监视、监控及通信系统维修养护	元	按固定资产原值（不含报废设施）的10%计算					
四	**渠沟及建筑物观测、监测维修养护**	元	按固定资产原值（不含报废设施）的10%计算					
五	**安全管护**	工日	20	20	20	10	10	10

灌区工程维修养护基准工作（工程）量调整系数按表4.5.3执行。

表 4.5.3 灌区工程维修养护基准工作（工程）量调整系数表

序号	影响因素	基　准	调整对象	调整系数
1	设计过水流量	一～六级灌排沟渠工程和灌排建筑物工程计算基准流量分别为$75m^3/s$、$35m^3/s$、$15m^3/s$、$8m^3/s$、$4m^3/s$、$1m^3/s$	项目序号一、二	按直线内插法计算，超过范围按上（下）限控制

表 4.5.3（续）

序号	影响因素	基 准	调整对象	调整系数
2	渠顶硬化	硬化渠顶	项目序号一-1.1、1.2	未硬化渠顶删除调整对象项目内容并且增加渠（沟）顶土方养护修整，相应工程量分别为 $240m^3$、$240m^3$、$180m^3$、$180m^3$、$120m^3$、$120m^3$
3	渠顶路面形式	砂石路面	项目序号一-1.2	混凝土路面系数为 0.5
4	渠沟有无护坡和衬砌工程	有护坡和衬砌工程渠沟	项目序号一-2.1、2.2	无护坡和衬砌工程渠沟删除项目序号一-2.2，并且项目序号一-2.1 系数为 10
5	使用年限/年	10	项目序号一、二	每增加 1 年，系数增加 0.01，低于 10 年不调整

5 维修养护项目定额基准标准

5.1 水库工程维修养护定额基准标准

水库工程维修养护定额基准标准见表 5.1（根据不同坝型选择序号一、序号二、序号三；溢洪道维修养护根据工程实际分别选择混凝土溢洪道、砌石溢洪道，此处按混凝土溢洪道计列；总计费用不包含项目序号一-5、五-3、六-3、七-4、八-3、十、十一-1～7、十一-12 的内容）。

表 5.1 水库工程维修养护定额基准标准

单位：元/(座·年)

序号	项目内容	单位	大（2）型		中型		小（1）型		小（2）型
			一	二	三	四	五	六	七
	混凝土坝维修养护	**总计**	**1178592**	**1022539**	**756495**	**528700**	**267689**	**189441**	**81291**
	土坝维修养护	**总计**	**779806**	**632101**	**454332**	**329635**	**162001**	**104469**	**80536**
	堆石坝维修养护	**总计**	**670189**	**587753**	**333517**	**215899**	**146884**	**87581**	**53977**
一	**混凝土坝维修养护**	**合计**	**753321**	**674451**	**540501**	**361046**	**164205**	**123510**	**36160**
1	混凝土结构表面裂缝、破损、侵蚀及碳化处理	元	721503	642633	519878	340423	152616	111921	30366
2	防浪墙维修养护	元	3318	3318	2488	2488	1659	1659	829
3	坝顶道路维修养护	元	21600	21600	12960	12960	6480	6480	3240
4	伸缩缝、止水及排水设施维修养护	元	6900	6900	5175	5175	3450	3450	1725

表 5.1（续）

序号	项目内容	单位	大（2）型		中型		小（1）型		小（2）型
			一	二	三	四	五	六	七
5	廊道维修养护	元	按实有工作量计算						
二	**土坝维修养护**	**合计**	**354535**	**284013**	**238337**	**161981**	**58516**	**38538**	**35406**
1	坝顶维修养护	元	72480	72480	62112	62112	19404	19080	19080
1.1	坝顶土方维修养护	元	8640	8640	6912	6912	1944	1620	1620
1.2	坝顶道路维修养护	元	60480	60480	51840	51840	16200	16200	16200
1.3	防浪墙维修养护	元	3360	3360	3360	3360	1260	1260	1260
2	坝坡维修养护	元	276805	207595	172944	97244	36487	18145	15013
2.1	坝坡土方维修养护	元	10908	8172	6840	5472	2052	1008	1008
2.2	硬护坡维修养护	元	164703	123527	102858	41176	15461	7649	7649
2.3	草皮护坡维修养护	元	101194	75896	63246	50596	18974	9488	6356
3	坝面及周边排水沟维修养护	元	5250	3938	3281	2625	2625	1313	1313
三	**堆石坝维修养护**	**合计**	**244917**	**239665**	**117523**	**48245**	**43400**	**21649**	**8847**
1	坝顶道路维修养护	元	23436	23436	15552	7128	5940	3510	2160
2	防浪墙维修养护	元	2571	2571	1991	912	912	539	332
3	混凝土面板维修养护	元	112350	109735	51525	20335	18750	9110	3195
3.1	面板表面维修养护	元	81030	78995	36445	14245	12950	5920	2035

表 5.1（续）

序号	项目内容	单位	大（2）型		中型		小（1）型		小（2）型
			一	二	三	四	五	六	七
3.2	面板分缝止水维修养护	元	31320	30740	15080	6090	5800	3190	1160
4	砌石护坡维修养护	元	101835	99355	45725	17980	16275	7440	2635
5	坝面及周边排水沟维修养护	元	4725	4568	2730	1890	1523	1050	525
四	**坝下消能设施维修养护**	**合计**	**48000**	**45705**	**25065**	**20475**	**9600**	**7815**	**4035**
1	坝下消能防冲工程	元	25500	23205	16065	11475	5100	3315	1785
2	护坎、护岸、护坡工程	元	22500	22500	9000	9000	4500	4500	2250
五	**溢洪道维修养护**	**合计**	**130930**	**92232**	**49245**	**30314**	**20953**	**8978**	**5822**
1	混凝土溢洪道维修养护	元	130930	92232	49245	30314	20953	8978	5822
1.1	混凝土表面维修养护	元	127675	89765	47933	29631	20480	8715	5665
1.2	伸缩缝、止水设施维修养护	元	3255	2468	1313	683	473	263	158
2	砌石溢洪道维修养护	元	109116	76912	41922	25868	17922	7740	5010
2.1	砌石表面维修养护	元	4680	3300	2652	1632	1128	600	384
2.2	砌筑面层维修养护	元	103136	72512	38720	23936	16544	7040	4576
2.3	伸缩缝、止水设施维修养护	元	1300	1100	550	300	250	100	50
3	工作桥、交通桥维修养护	元	按 15 元/m^2 计算费用						

表 5.1（续）

序号	项目内容	单位	大（2）型		中型		小（1）型		小（2）型
			一	二	三	四	五	六	七
六	**输、放水建筑物维修养护**	**合计**	**49344**	**45007**	**24651**	**22514**	**11682**	**10417**	**6080**
1	进水口混凝土维修养护	元	6640	6225	3735	2905	1660	830	415
2	涵（隧）洞混凝土维修养护	元	42704	38782	20916	19609	10022	9587	5665
2.1	混凝土坝涵（隧）洞混凝土维修养护	元	12637	11765	6536	5665	2615	2615	1307
2.2	土坝涵（隧）洞混凝土维修养护	元	30067	27017	14380	13944	7408	6972	4358
3	工作桥、交通桥维修养护	元	按 15 元/m^2 计算费用						
七	**机电设备维修养护**	**合计**	**18190**	**15104**	**11369**	**7471**	**7471**	**2111**	**2111**
1	溢洪道机电设备维修养护	元	13318	10557	7146	4385	4385	—	—
1.1	电动机维修养护	元	5847	4060	2274	1624	1624	—	—
1.2	操作设备维修养护	元	4223	3898	2923	1787	1787	—	—
1.3	避雷设施维修养护	元	3248	2599	1949	974	974	—	—
2	进水口机电设备维修养护	元	3411	3086	3086	2436	2436	1949	1949
2.1	电动机维修养护	元	1462	1462	1462	974	974	812	812
2.2	操作设备维修养护	元	1137	974	974	974	974	812	812

表 5.1（续）

序号	项目内容	单位	大（2）型		中型		小（1）型		小（2）型
			一	二	三	四	五	六	七
2.3	避雷设施维修养护	元	812	650	650	487	487	325	325
3	变配电设备维修养护	元	1462	1462	1137	650	650	162	162
4	机电设备维修养护配件更换	元	按固定资产的1.5%计算						
八	**闸门维修养护**	**合计**	**40050**	**26700**	**13650**	**7550**	**5700**	**200**	**180**
1	溢洪道闸门维修养护	元	38700	25650	12900	6900	5300	—	—
1.1	钢闸门及埋件防腐处理	元	31200	19800	9450	4800	3500	—	—
1.2	闸门止水更换	元	7500	5850	3450	2100	1800	—	—
2	进水口闸门维修养护	元	1350	1050	750	650	400	200	180
2.1	钢闸门及埋件防腐处理	元	600	450	300	200	100	50	30
2.2	闸门止水更换	元	750	600	450	450	300	150	150
3	钢闸门承载及支撑行走装置维修养护	元	按固定资产的0.5%计算						
九	**启闭设备维修养护**	**合计**	**44808**	**32437**	**21350**	**11304**	**8377**	**780**	**568**
1	溢洪道启闭机维修养护	元	37987	26265	13555	7081	5291	—	—
1.1	机体表面维修养护	元	28080	17820	8520	4320	3180	—	—
1.2	卷扬式启闭机维修养护	元	9907	8445	5035	2761	2111	—	—
2	进水口启闭机维修养护	元	6821	6172	7796	4223	3086	780	568

表 5.1（续）

序号	项目内容	单位	大（2）型		中型		小（1）型		小（2）型
			一	二	三	四	五	六	七
2.1	机体表面维修养护	元	1462	1137	812	487	325	130	81
2.2	卷扬式启闭机维修养护	元	2436	2436	2111	1624	1299	—	—
2.3	螺杆式启闭机维修养护	元			2761	2111	1462	650	487
2.4	液压式启闭机维修养护	元	2923	2599	2111	—	—	—	—
十	**水库信息化维修养护**	**元**							
1	大坝安全监测设施维修养护	元	按固定资产原值（不含报废设施）的10%计算						
2	水情测报设施维修养护	元	按固定资产原值（不含报废设施）的10%计算						
3	视频监视系统维修养护	元	按固定资产原值（不含报废设施）的10%计算						
十一	**管理区维修养护（不包括电站、泵站和旅游等区域）**	**合计**	**51468**	**51468**	**41620**	**41620**	**23146**	**22171**	**19397**
1	管理房维修养护（按与工程运行有关核定房屋面积）	元	按30元/m^2计算费用						
2	管理区维护	元	按2元/m^2计算费用						
3	围墙、栏杆维修养护	元	按8元/m计算费用						
4	防汛、上坝道路维修养护	元	按108元/m^2计算费用						

表 5.1（续）

序号	项目内容	单位	大（2）型		中型		小（1）型		小（2）型
			一	二	三	四	五	六	七
5	管理区排水沟维修养护	元	按 2.5 元/m 计算费用						
6	防汛抢险应急设备维修养护	元	按固定资产原值（不含报废设施）的 10%计算						
7	自备发电机组维修养护	元	按 50 元/kW 计算费用						
8	标识（示）牌、界碑（桩）维修养护	元	500	500	375	375	125	125	125
9	库面漂浮物清理	元	38300	38300	31500	31500	16200	16200	14400
10	管理区照明设施维修养护	元	2923	2923	1949	1949	974	974	974
11	库区生产供电线路维修养护	元	9745	9745	7796	7796	5847	4872	3898
12	材料及工器具消耗	元	按 1～11 项费用总和的 5%计取						
十二	**物料动力消耗**	**合计**	**18121**	**15074**	**12804**	**10167**	**8435**	**5340**	**3688**
1	电力	元	9919	8502	7794	6377	5668	4251	2834
2	柴油	元	3787	2634	2100	1894	1050	647	412
3	机油	元	1417	1240	992	638	638	142	142
4	黄油	元	2998	2698	1918	1259	1079	300	300
十三	**安全管护**	**元**	**24362**	**24362**	**16241**	**16241**	**8121**	**8121**	**3248**

5.2 水闸工程维修养护定额基准标准

水闸工程维修养护定额基准标准见表 5.2（总计费用不包含

项目序号二－3、三－3、四－6、7、五和六－1～5、六－8的内容)。

表5.2　水闸工程维修养护定额基准标准

单位：元/(座·年)

序号	项目内容	单位	大型				中型		小型	
			一	二	三	四	五	六	七	八
	总计	**元**	**927254**	**586851**	**378792**	**262621**	**160042**	**122214**	**44239**	**26094**
一	**水工建筑物维修养护**	**合计**	**303808**	**191816**	**116258**	**81082**	**44171**	**30689**	**14023**	**9653**
1	土工建筑物维修养护	元	10800	10800	9000	9000	5400	5400	3600	3600
2	石工建筑物维修养护	元	54259	36104	28135	19154	12850	7697	5113	3022
2.1	砌石砌块护坡、翼墙工程维修养护	元	42134	28829	23285	16632	11458	6653	4435	2587
2.2	防冲设施抛石处理	元	4625	2775	1850	962	592	444	278	185
2.3	反滤、排水设施维修养护	元	7500	4500	3000	1560	800	600	400	250
3	混凝土建筑物维修养护	元	233876	140040	75063	48868	22673	14344	3686	1407
3.1	混凝土结构表面裂缝、破损、侵蚀及碳化处理	元	233126	139440	74513	448368	22223	13944	3386	1307
3.2	伸缩缝维修养护	元	750	600	550	500	450	400	200	100
4	启闭机房维修养护	元	4872	4872	4060	4060	3248	3248	1624	1624
二	**闸门维修养护**	**合计**	**155000**	**93000**	**50800**	**33020**	**15120**	**9840**	**2540**	**740**
1	闸门防腐处理	元	125000	75000	40000	26000	12000	7500	2000	500
2	闸门止水更换	元	30000	18000	10800	7020	3120	2340	540	240

表 5.2（续）

序号	项目内容	单位	大型				中型		小型	
			一	二	三	四	五	六	七	八
3	闸门承载及支撑行走装置维修养护	元	按闸门固定资产的 0.5%计算							
三	**启闭机维修养护**	**合计**	**153723**	**92234**	**61489**	**39968**	**24596**	**18447**	**6149**	**3074**
1	启闭机整体维修养护	元	105000	63000	42000	27300	16800	12600	4200	2100
2	钢丝绳维修养护	元	48723	29234	19489	12668	7796	5847	1949	974
3	配件更换	元	按启闭机固定资产的 1.5%计算							
四	**机电设备维修养护**	**合计**	**165658**	**107028**	**72597**	**51971**	**34106**	**28259**	**10232**	**5359**
1	电动机维修养护	元	73085	43851	29234	19002	11694	8770	2923	1462
2	操作设备维修养护	元	48723	29234	19489	12668	7796	5847	1949	974
3	变、配电设备维修养护	元	24362	14617	9745	6334	3898	2923	974	487
4	输电系统维修养护	元	15591	15591	11694	11694	9745	9745	3898	1949
5	避雷设施维修养护	元	3898	3735	2436	2274	974	974	487	487
6	自备发电机组维修养护	元	按照 50 元/kW 计算费用							
7	配件更换	元	机电设备资产的 1.5%计算							
五	**自动控制、监测及监视系统维修养护**	**元**								
1	计算机自动控制系统维修养护	元	按自动控制设施资产的 10%计算							

表 5.2（续）

序号	项目内容	单位	大型				中型		小型	
			一	二	三	四	五	六	七	八
2	视频监视系统维修养护	元	按视频监视设施资产（不含报废设施）的 10%计算							
3	安全监测系统维修养护	元	按安全监测设施资产（不含报废设施）的 10%计算							
六	**附属设施及管理区维修养护**	**元**	**38250**	**26850**	**21530**	**15096**	**12117**	**8467**	**5130**	**3078**
1	管理房维修养护（按与工程运行有关核定房屋面积）	元	按 30 元/m^2 计算费用							
2	管理区维护	元	按 2 元/m^2 计算费用							
3	围墙护栏维修养护	元	按 8 元/m 计算费用							
4	交通桥维修养护	元	按 15 元/m^2 计算费用							
5	管理区道路维修养护	元	按 75 元/m^2 计算费用							
6	闸前漂浮物清理	元	38000	26600	21280	14896	11917	8342	5005	3003
7	标识、标牌维修养护	元	250	250	250	200	200	125	125	75
8	材料及工器具消耗	元	按 1～6 项费用总和的 5%计取							
七	**物料动力消耗**	**合计**	**94574**	**59682**	**46373**	**31739**	**23436**	**20016**	**2917**	**940**
1	电力	元	26959	18861	16175	15598	13588	13068	1660	342
2	柴油	元	56244	33793	24227	11699	7499	4949	469	234
3	机油	元	6377	3833	2745	1325	850	560	188	64
4	黄油	元	4994	3195	3225	3117	1499	1439	600	300
八	**闸室清淤**	**元**	**工程量按实有工程量，单价 35 元/m^3 计算**							
九	**安全管护**	**元**	**16241**	**16241**	**9745**	**9745**	**6496**	**6496**	**3248**	**3248**

5.3 河道堤防工程维修养护定额基准标准

河道堤防工程维修养护定额基准标准见表5.3（总计费用不包含三、四、五、六-1、3、4、九项目序号的内容）。

表5.3 河道堤防工程维修养护定额基准标准

单位：元/(km·年)

序号	项目内容	单位	一	二	三	四	五	六	七	八
	总计	**元**	**92529**	**86998**	**80288**	**71974**	**52426**	**47368**	**34571**	**30358**
一	**堤顶及防汛道路维修养护**	**合计**	**45360**	**45360**	**44280**	**43740**	**30600**	**29952**	**20434**	**20019**
1	堤顶土方养护修整	元	—	—	7560	7020	3240	2592	2074	1659
2	堤肩土方养护修整	元	2160	2160	2160	2160	1440	1440	1080	1080
3	堤顶防汛道路维修养护	元	43200	43200	34560	34560	25920	25920	17280	17280
二	**堤坡维修养护**	**合计**	**41379**	**35847**	**30217**	**22443**	**17984**	**13574**	**11516**	**7718**
1	堤坡及戗台土方养护修整	元	3856	3358	2791	1981	1605	1264	1047	727
2	护坡维修养护	元	37523	32489	27426	20462	16379	12310	10469	6991
2.1	硬护坡维修养护	元	13724	11764	10195	8235	6470	4510	4006	2504
2.2	草皮护坡养护	元	23799	20725	17231	12227	9908	7800	6462	4488
三	**控导工程维修养护**	**元**	**按需要维修丁坝的实际工程量计取，单价按280元/m³计算费用**							
四	**穿堤闸（涵）工程维修养护**	**元**	**参照水闸工程维修养护定额标准执行，按实有数量计取**							
五	**河道抛石护岸维修养护**	**元**	**按需要整修抛石护岸实际工程量计取，单价按185元/m³计算费用**							
六	**附属设施及管理区维修养护**	**元**	**269**	**269**	**269**	**269**	**269**	**269**	**186**	**186**
1	管理房维修养护（按与工程运行有关核定房屋面积）	元	按照30元/m²计算费用							

表 5.3（续）

序号	项目内容	单位	一	二	三	四	五	六	七	八
2	标识（示）牌、界碑（桩）、拦车墩维修养护	元	269	269	269	269	269	269	186	186
3	材料及工器具消耗	元	按1～2项费用的5%计取							
4	监视、监控及通信系统维修养护	元	按监视、监控及通信系统设施资产（不含报废设施）的10%计算							
七	**防汛抢险物料维护**	**元**	**325**	**325**	**325**	**325**	**325**	**325**	**162**	**162**
八	**河道堤防沿线环境维护**	**元**	**3898**	**3898**	**3898**	**3898**	**1949**	**1949**	**974**	**974**
九	**水文及水情测报设施维修养护**	**元**	**按水文及水情测报设施固定资产原值（不含报废设施）的10%计算**							
十	**安全管护**	**元**	**1299**	**1299**	**1299**	**1299**	**1299**	**1299**	**1299**	**1299**

备注：堤防无堤顶路面，不计列定额基准标准中项目“一”费用。

5.4 泵站工程维修养护定额基准标准

泵站工程维修养护定额基准标准见表5.4（总计费用不包含一-10、11、二-4、三-3、四、五-1～3、五-5项目序号的内容）和5.4.1条。

表 5.4 泵站工程维修养护定额基准标准

单位：元/(座·年)

序号	项目内容	单位	一	二	三	四	五	六	七	八
	总计	**元**	**964957**	**691091**	**550618**	**329779**	**190384**	**125398**	**57755**	**31252**
一	**机电设备维修养护**	**合计**	**573794**	**407161**	**326767**	**191480**	**102644**	**59604**	**24525**	**8608**
1	主水泵维修养护	元	301108	200739	150554	80231	40115	19814	7958	1949
2	主电动机维修养护	元	150554	100369	75196	40115	20139	9907	3898	974
3	变电设备维修养护	元	31995	21276	18677	15591	7796	6009	3086	1299

表 5.4（续）

序号	项目内容	单位	一	二	三	四	五	六	七	八
4	输电系统维修养护	元	16079	10719	9257	7796	5522	3898	1462	650
5	高压开关设备维修养护	元	19489	19489	19489	15591	7146	6172	2436	1462
6	低压电器设备维修养护	元	19489	19489	19489	15591	13318	6496	2599	650
7	励磁和直流装置维修养护	元	15591	15591	15591	5684	2923	2436	974	487
8	保护和自动装置维修养护	元	15591	15591	15591	8445	4223	3735	1462	812
9	避雷设施维修养护	元	3898	3898	2923	2436	1462	1137	650	325
10	自备发电机组维修养护	元	按 50 元/kW 计算费用							
11	配件更换及工器具消耗	元	高压开关及低压电器设备按相应其固定资产的 2% 计算，其他机电设备按其固定资产的 1.5% 计算							
二	**辅助设备维修养护**	**合计**	**211946**	**147144**	**109952**	**63339**	**32645**	**27934**	**12019**	**6659**
1	油、气、水系统维修养护	元	194405	129603	94360	51971	25986	22088	8933	4710
2	起重设备维修养护	元	7796	7796	5847	4547	3248	2923	1137	650
3	金属结构维修养护	元	9745	9745	9745	6821	3411	2923	1949	1299
4	配件更换及工器具消耗	元	按辅助设备资产的 1% 计算							
三	**泵站建筑物维修养护**	**合计**	**133790**	**97973**	**78107**	**50509**	**33184**	**18031**	**11217**	**6857**
1	泵房维修养护	元	95290	63473	49107	31009	18184	8031	3217	857
1.1	泵房混凝土结构表面处理	元	55987	37325	27994	14930	7465	2834	1106	207
1.2	泵房维护	元	39303	26148	21113	16079	10719	5197	2111	650

表 5.4（续）

序号	项目内容	单位	一	二	三	四	五	六	七	八
2	进、出水池（渠）维修养护	元	38500	34500	29000	19500	15000	10000	8000	6000
3	进、出水闸工程维修养护	元	参照水闸工程维修养护定额标准执行，按实有数量计取							
四	**自动控制、监视、监测系统维修养护**	**元**								
1	计算机自动控制系统维修养护	元	按自动控制设施资产（不含报废设施）的10%计算							
2	视频监视系统维修养护	元	按视频监视设施资产（不含报废设施）的10%计算							
3	安全监测系统维修养护	元	按安全监测设施资产（不含报废设施）的10%计算							
五	**附属设施及管理区维修养护**	**合计**	**250**	**250**	**250**	**200**	**200**	**125**	**125**	**75**
1	管理房维修养护（按与工程运行有关核定房屋面积）	元	按30元/m^2计算费用							
2	管理区维护	元	按2元/m^2计算费用							
3	围墙护栏维修养护	元	按8元/m计算费用							
4	标识、标牌维修养护	元	250	250	250	200	200	125	125	75
5	材料及工器具消耗	元	按1～3项费用总和的10%计取							
六	**物料动力消耗**	**合计**	**19841**	**13227**	**10206**	**7359**	**4820**	**2813**	**1425**	**608**
1	电力	元	12190	8126	6629	4562	3421	2138	1166	535
2	柴油	元	3796	2531	1828	1350	675	272	103	28
3	机油	元	1913	1275	850	680	340	205	78	21
4	黄油	元	1942	1295	899	767	384	198	78	24
七	**安全管护**	**元**	**25336**	**25336**	**25336**	**16891**	**16891**	**16891**	**8445**	**8445**

5.4.1 移动式泵站按实有功率累计计算，150 元/kW。

5.5 灌区工程维修养护定额基准标准

灌区工程维修养护定额基准标准见表 5.5（总计费用不包含项目序号二-3.5、6.1、6.3、9.2、三-1、2、4、5、四的内容）。

表 5.5 灌区工程维修养护定额基准标准

序号	项目内容	单位	一	二	三	四	五	六
	总计	**元**	**189250**	**149284**	**117971**	**93446**	**70936**	**54524**
一	**灌排渠沟工程维修养护**	**合计**	**103060**	**86060**	**68961**	**58081**	**46137**	**35691**
1	渠（沟）顶维修养护	元	10940	10940	8760	8760	6560	6560
1.1	渠（沟）顶土方维修养护	元	3240	3240	2160	2160	2160	2160
1.2	渠（沟）顶（道路）维修养护	元	7700	7700	6600	6600	4400	4400
2	渠（沟）边坡维修养护	元	7120	7120	5801	5801	4757	4757
2.1	渠（沟）边坡土方维修养护	元	720	720	576	576	432	432
2.2	渠（沟）护坡或防渗工程维修养护	元	6400	6400	5225	5225	4325	4325
2.2.1	硬护坡或防渗工程维修养护	元	6000	6000	5025	5025	4125	4125
2.2.2	表面杂草清理	元	400	400	200	200	200	200
3	渠沟清淤	元	85000	68000	54400	43520	34820	24374
二	**灌排建筑物维修养护**	**合计**	**82717**	**59776**	**45587**	**33611**	**23050**	**17084**
1	水闸维修养护	元	19380	13175	10115	7140	4420	2805
1.1	结构表面裂缝、破损、侵蚀处理	元	6800	4930	3910	2975	2380	1530
1.2	闸门防腐处理	元	8500	5100	3825	2550	1275	850
1.3	闸门止水更换	元	680	425	340	255	85	85

表 5.5（续）

序号	项目内容	单位	一	二	三	四	五	六
1.4	启闭机整体养护	元	850	680	510	340	170	85
1.5	钢丝绳维修养护	元	2550	2040	1530	1020	510	255
2	渡槽工程维修养护	元	23218	17759	14605	11079	7803	5427
2.1	进出口段及槽台维修养护	元	4818	2409	1205	1004	803	602
2.2	结构表面裂缝、破损、侵蚀及碳化处理	元	15300	12750	11050	8075	5100	2975
2.3	伸缩缝维修养护	元	1500	1000	750	400	300	250
2.4	护栏维修养护	元	1600	1600	1600	1600	1600	1600
3	倒虹吸工程维修养护	元	6420	3662	2438	1744	1441	1110
3.1	进出口段维修养护	元	4015	2008	1405	1084	1004	803
3.2	结构表面裂缝、破损、侵蚀及碳化处理	元	425	255	213	170	128	128
3.3	伸缩缝维修养护	元	1500	1000	500	250	150	100
3.4	拦污栅维修养护	元	480	400	320	240	160	80
3.5	倒虹吸清淤	m^3	工程量按实有工程量，单价按 35 元/m^3 计算					
4	地下涵工程维修养护	元	5355	2763	2026	1482	1229	1083
4.1	进出口段维修养护	元	4015	2008	1606	1205	1044	923
4.2	结构表面裂缝、破损、侵蚀及碳化处理	元	340	255	170	128	85	85
4.3	伸缩缝维修养护	元	1000	500	250	150	100	75
5	滚水坝工程维修养护	元	6460	4378	1947	1148	901	901
5.1	结构表面裂缝、破损、侵蚀及碳化处理	元	5100	3400	1445	850	680	680
5.2	伸缩缝维修养护	元	1020	680	289	170	136	136
5.3	消能防冲设施维修养护	元	340	298	213	128	85	85
6	橡胶坝工程	元	8800	7040	5632	4224	3520	2816
6.1	橡胶袋维修养护	元	按固定资产原值（不含报废设施）的 5%计算					

表 5.5（续）

序号	项目内容	单位	一	二	三	四	五	六
6.2	底板、护坡及岸、翼墙维修养护	元	8800	7040	5632	4224	3520	2816
6.3	金结、机电及控制设备维修养护	维修率	按固定资产原值（不含报废设施）的5%计算					
7	生产、交通桥（涵）维修养护	元	900	900	810	540	270	180
8	跌水、陡坡维修养护	元	10560	8800	7040	5280	2816	2112
9	量水设施维修养护	元	1624	1299	974	974	650	650
9.1	量水设施标准断面维修养护	元	1624	1299	974	974	650	650
9.2	量水设施设备维修养护	元	按固定资产原值（不含报废设施）的5%计算					
三	**附属工程及管理区维修养护**	**合计**	**225**	**200**	**175**	**150**	**125**	**125**
1	管理房维修养护（按与工程运行有关核定房屋面积）	元	按 30 元/m^2 计算费用					
2	管理站（区）维护	元	按 2 元/m^2 计算费用					
3	标识（示）牌、界碑（桩）维修养护	元	225	200	175	150	125	125
4	材料及工器具消耗	元	按 1～3 项费用总和的 5%计取					
5	监视、监控及通信系统维修养护	元	按固定资产原值（不含报废设施）的10%计算					
四	**渠沟及建筑物观测、监测维修养护**	**元**	**按固定资产原值（不含报废设施）的10%计算**					
五	**安全管护**	**元**	**3248**	**3248**	**3248**	**1624**	**1624**	**1624**